上学困难，怎么办？

易春丽 / 著

图书在版编目(CIP)数据

上学困难,怎么办?/ 易春丽著. —北京:北京大学出版社,2023.3
ISBN 978-7-301-33753-0

Ⅰ.①上… Ⅱ.①易… Ⅲ.①儿童心理学 Ⅳ.①B844.1

中国国家版本馆 CIP 数据核字(2023)第 028513 号

书　　　名	上学困难,怎么办?
	SHANGXUE KUNNAN, ZENMEBAN?
著作责任者	易春丽　著
责 任 编 辑	赵晴雪
标 准 书 号	ISBN 978-7-301-33753-0
出 版 发 行	北京大学出版社
地　　　址	北京市海淀区成府路 205 号　100871
网　　　址	http://www.pup.cn　新浪微博:@北京大学出版社
电 子 信 箱	zpup@pup.cn
电　　　话	邮购部 010-62752015　发行部 010-62750672
	编辑部 010-62752021
印 刷 者	大厂回族自治县彩虹印刷有限公司
经 销 者	新华书店
	880 毫米×1230 毫米　16 开本　16.75 印张　168 千字
	2023 年 3 月第 1 版　2023 年 5 月第 2 次印刷
定　　　价	58.00 元

未经许可,不得以任何方式复制或抄袭本书之部分或全部内容。
版权所有,侵权必究
举报电话:010-62752024　电子信箱:fd@pup.pku.edu.cn
图书如有印装质量问题,请与出版部联系,电话:010-62756370

前言

我从读博士开始做儿童咨询，至今有 20 年了。我咨询过的儿童和家庭虽然问题各不相同，但是多多少少都会指向上学这件事。我最初看到的多是中、小学生，有因为学习障碍、社交焦虑休学的，也有因为网络成瘾休学的，还有老师要求家长必须去咨询的多动症的孩子。后来我在工作中遇到的上学问题更严重的孩子是自闭症儿童，我的一部分工作就是指导家长怎么和学校打交道——家长要扮演什么角色，对学校要有什么重要的期待，要抛弃哪些幻想之类的。

我的这本书将从多个方面讲孩子上学这件事，当然可能有些啰嗦，有些内容会在不同的章节里重复一下，这些重复的部分，大家就当作一种"强化"吧。我很想从多个角度把同一件事情讲清楚。

大家可以看目录了解一下本书的大体内容。很多家长来找我是想提升孩子的学习成绩，感觉不管是什么心理问题，只要落在学习障碍这个范畴，家长是最爱来咨询的。可是我们要面对的最严峻的问题已经不是学习好不好了，而是能不能去上学，从学习障碍发展到失学也许并不遥远。随着咨询经验的积累，我们可以让家长对学习障碍的可能后果有个预期和准备，让他们更有控制感，并且做出更为理性的判断。当然，家长未必接受我们的咨询与建议。

另外，我们在尽量阻止孩子失学的情况下，有时候也要做出相反的决定。当孩子的状况非常不好，休学也许比上学更好，为了孩子的心理健康，该回家休整一段时间就休整吧。如果有校园霸凌可能危及生命，失学比死亡要强。有些孩子因为上学的压力导致更严重的身体或者精神症状，比如癫痫、精神分裂症等，这个时候失学而不生病也是更好的选择，因为如果坚持上学而最终得了重病，最后面临的还是失学，而且这种重症是影响终身的。家长作为监护人要综合判断孩子是不是要休学。

家长作为孩子的监护人，是孩子的保护者，要架起和学校谈判的桥梁，家长不是把孩子送进学校就万事大吉了。家长要有基本的养育孩子的原则，也就是我在书里反复强调的"养育三原则"——不伤害自己、不伤害他人、不破坏贵重财物。尤其是当孩子状态不好的时候，可能有很多的行为问题，我们不可能同时纠正所有问题，那么抓大放小，在不违反养育三原则的情况下，更多地容忍孩子的某些不良行为，比如上课搞搞小动作之类的。

一个孩子上学出问题，原因可能是多方面的，有可能是孩子自身的问题，有可能是家庭问题，也有可能是老师和学校的问题，当然也有可能是这些方面的综合作用，放大了孩子的问题。有效识别是谁的问题、有的放矢地进行干预非常重要。

这本书并不能完全解决孩子上学遇到的所有问题，但是可以帮助家长和老师预见某些问题的发展和转归，哪些问题在学校和家庭层面可以解决，哪些需要专业人士的帮助。应尽量采取比较温和而有效的方式减少孩子的问题，而不是放大孩子的问题。

这本书的读者人群包括家长、老师，以及与儿童相关的各种专业人士，比如心理咨询师、社会工作者等。

最后我想说说这本书的成形过程。写书这件事对我来说就是一个特别有压力的事情，我感觉自己有很多素材，可是每次我给我的学生还有家长们"画大饼"说我要写书之后，就开始焦虑，不想进行下去，能拖延就拖延。然后还得想各种偷懒的方法降低自己的焦虑才能把这个事情推进一点点。

这本书是在我已毕业的学生孙睿杰的帮助下完成的。我要找一个学生帮我整理，我得对着一个人像讲课似的讲故事，我才能感觉到我要写的内容是有系统的。让我自己一个字、一个字地写，那这辈子大家也别想看到我的书了。正好去年有段时间孙睿杰没有安排、空闲时间多，我就和她商量，我给她单独授课，作为听课的回报她帮我把讲课的录音誊录并整理成书的初稿，去年底她完成了这个工作。在这里我要特别感谢孙睿杰，没有她的前期工作，就没有今天这本书。

我记得当时我们前后聊了大概4个半天，内容整理出来有8万字左右，我开始增增减减，当然主要是增，应该增加了有4万多字吧，做些扩充，或者把小故事讲得更丰富些。2022年3月底，我联系北京大学出版社，我想9月份开学之前能出来可以给新生家长看，不过编辑和我说由于工作安排最快也要到12月底才能出版，然后因

上学困难，怎么办？

为北京4月底出现疫情，核酸检测带来的焦虑，加上线上上课，我的腰椎又出了问题，我想反正也赶不上今年9月份了，我就又开启了拖延的模式，一直拖到7月底，要开学了，我想还是在假期里写完吧，能赶在明年9月份出版就行了。

作为一个特别害怕写作的人，请大家多担待我的写作水平，主要看中心思想，对大家有启示就好。还有就是，我想说明一下，这本书不是一本学术专著，所以我没有列出任何参考文献，更多的是从我的咨询经验和感悟中来的，就当作一本普及读物吧。

在孙睿杰的帮助下，我已经够偷懒的了，可我还在想有没有更偷懒的方式呢。我有很多出书的选题，可是一想到要写书，就退缩了，总觉得写书会焦虑、会让我生病，我总是幻想要是我讲讲课，然后能自动成书就好了，不过最终还是得要我改啊！谁能提出更偷懒的解决方案呢？不要让我有压力，不要让我生病，然后书自动就出来了。

这本书的出版还要感谢帮我校对稿件的学生，其中包括目前还在我的实验室的学生，他们是研究生赵琦媛、冷晓，本科生唐雨辰、丁怡婷、王蕊、查玥彤，已经毕业的研究生王远方、于今和侯晓晗，以及我们实验室编外的研究生贺雯琪。

还要单独感谢北大出版社的编辑赵晴雪，她是钱铭怡教授的研究生，我们出自同门，在出版方面她给了我很大的帮助，尤其是她又要有小宝宝了，还要忙我的事情，真的很感谢。另外，也祝福未来要降生的小宝宝。

最后，感谢所有来找我咨询的孩子和家长，与他们交流丰富了我的临床经验，无论他们走过的是正确的道路还是一条弯路，都给了我们很多启示。

易春丽

2022 年 8 月 6 日

目录

01 能不能上学 ··· 1

02 休学或转换学习环境 ·· 33

03 以什么姿态上学 ··· 51

04 家长需要向孩子和老师传递什么 ···························· 79

05 要不要带陪读 ·· 107

06 家长怎么和老师沟通 ·· 133

07 学校和老师的管理机制 ······································· 151

08 辨别是谁的问题 ··· 167

09 哪些"不良行为"可以保留 ································· 209

附录 用案例解读多因素导致的不同问题 ···················· 235

后记 ·· 251

能不能上学

不是学习好不好，而是能不能上学

有一个朋友问我，他亲戚家的孩子该怎么办：一个小学低年级的孩子不愿意上学，不配合老师完成任务，最近情况越来越严重，在家里要求得不到满足的时候，就哭闹不停，歇斯底里发作。我说："跟老师商量一下，不用完成作业，只要去学校听听课、'混一混'就行了。"他说他不知道这种情绪不能控制的情况，到底是孩子得了自闭症，还是在要挟家长？这要解释起来就麻烦了，什么都是有可能的。家长想知道的是问题背后的原因，但我关注的是这个孩子到底能不能上学，这是我想要先解决的关键问题。

现在，这个孩子不能完成作业、情绪失控，家长就顺着孩子，能让他满意的就让他满意，尽量不让孩子情绪爆发，尽量让孩子在学校以最舒服的状态待着，能待住就好。如果硬要孩子完成全部作业，和孩子纠缠，结果可能是连学都上不了了。

家长有的时候会进入一个很贪心的状态——希望把孩子情绪解决好、学业解决好，总之就是什么问题都没有。但越想解决所有的问题，离失学就越近了，家长和孩子的互相对抗、纠缠本身就是问题。一般来说，小孩出现各种问题的时候，家长就要取舍了，你到底想要什么？你不可能什么都要。

在我读博士期间(2002年前后)，主要利用周末的时间做咨询，后来改成每周三下午，我发现来诊的儿童群体发生了巨大的改变。这个改变在哪儿呢？周末来咨询的什么类型都有，周三咨询的时候就变成了更可能是濒临休学或是已经休学的儿童和青少年。在周三下午咨询的时候，还在上学的孩子，花一个下午来咨询，家长是不愿意的。涉及孩子请假的时候，就很明显地能看出家长的态度，周六、日来咨询就没有请假的问题。所以不需要请假，能在周三来咨询的，更多的就是休学的孩子了。

我曾见过一个网络成瘾的青少年，他的睡眠质量已经非常差了，刚开始咨询时还没有休学。我建议家长最好每周三下午都来一趟，家长的态度是不愿意的，说周三下午来咨询耽误学习，家长觉得跟老师请假是一件非常费劲的事情。后来这个小孩就不上学了。等小孩休学的时候，家长才意识到问题的严重性，赶紧安排了每周心理咨询。如果当初接受了我的建议，能够坚持每周来一次，其他时间上学，或者更少些，每天就上半天学，也许孩子还能在学校继续待着。但是家长在问题看起来不那么严重的时候，不能忍受这种模式，结果就是上学这个事儿彻底没了。

关于上学，好多人会觉得这是学习好不好的问题，后来才发现它是能不能上学的问题。我们的目标是能上学尽量上学，但要保证不违反养育三原则，保证孩子的基本安全，一切为了孩子的身心健康。如果违反了养育三原则，那就根据实际情况选择休学，或者上"花班"(即能上几节课就上几节，将压力减少到最低程度)、带陪读等。

养育三原则

在最开始，我想要强调的是三个基本的养育原则：

(1) 不伤害自己；

(2) 不伤害他人；

(3) 不破坏贵重财物。

这三个基本原则适用于养育所有儿童，而不仅仅适用于养育特殊儿童(自闭症、多动症、焦虑症、抽动秽语综合征、强迫症等)。我的咨询工作都是围绕这三个基本原则开展的。能不能上学、要不要休学、需不需要带陪读，也都是围绕这三个基本原则去决定的。

我们要在不违反养育三原则的基础上，相对宽容，给孩子留下成长的空间。在孩子很小的时候，家长就应该把养育三原则应用起来，在孩子社会化的过程中，不断地按照规则来要求他：别人不能伤你，你也不能伤别人，如果伤了可能就要付出代价。别到孩子大了的时候再推行，有时候就没效了。

首先，不伤害自己

不伤害自己，即无伤害原则，孩子不会受伤。受伤的内涵不仅包括自伤、自残，也包括他选择的生活方式可能对自己有损害，还包括别人伤害他，总之就是结果导致孩子受伤的都要防止。家长是监护人，要知道伤害是什么样子的，发现伤害时，家长要出手。确保孩子身心健康最重要，学业成绩等其他东西都靠后。

如果上学这件事，有可能会伤害到孩子，家长就要决定要不要上学，以及怎么上学。比如一个马上要高考的学生来咨询，她的爸爸是大学老师，她觉得："我爸是大学老师，我是在这个大学的附属学校读书，所以我必须学习好，如果学得不好，就对不起我爸，对不起我爸的这个学校。"我觉得这个孩子背负了巨大的压力，我问她："你学习还担着这么伟大光荣的历史任务呢？"这样问其实是通过"荒谬化"的方式，让她知道她没必要承担天大的责任。这个孩子考试压力大到头疼，疼得恨不得撞墙。她爸带她在北京各个医院都看过了，中西医各种药吃着都没有用。其实这就是心理问题躯体化的一个表现，紧张、恐惧、焦虑累加在一起，导致大脑处在应激状态。这个症状有可能是要命的，太疼了可能会导致她生活质量急剧下降，甚至可能会有更严重的后果。这时候，高考就没有那么重要了，孩子需要做的就是休息、停下来，该休学就休学，没有什么可说的。哪怕最坏的可能性是以后都不能复学了，父母也要接受这件事情，一切以孩子的安危为准。

我跟她爸爸商量要成绩还是要孩子的命，她爸爸知道她的想法之后也安抚过她，她爸爸已经够成功的了，不需要她"添砖加瓦"，她不需要背负她爸爸的成就，也不需要对她爸爸所在的大学承担那么大的责任。她爸爸还是挺有决策力的，明白这件事以后就没来咨询了，给我们打电话说孩子已经去上海玩儿了，上学这件事具体放弃到什么程度还不知道，但是至少孩子可以在一定程度上不介意高考这件事情了。不伤害自己，父母知道孩子不会受到实质性伤害，能好好活下去，之后就有各种机会，不必在意暂时的得失。之后孩子康复得好，也许还会回去上学，休学在这个时候或许是一个比较好的选择。

关于活着这件事，我印象最深刻的是2002年去湖北孝感的一个戒毒所调查，那个戒毒所属于自愿戒毒性质的场所，患者交很少的钱，一个月几百块，这里的医生工资也很低。最后变成自循环，康复的患者领导还没好的、新进来的患者，他们变成了一个消费特别低的群体，开支就是吃喝的费用。很多人无法回到社会，因为一回去就有人"勾搭"他们，可能会再次吸毒。我听这里的人讲，最早的一个戒毒所是在云南，有一些社会上的资助，那个戒毒所运作了很多年，患者也在里面待了很多年，有些患者的监护人不希望他们出去，监护人愿意出钱，我记得那个花费很少。我访谈了去过那边

上学困难，怎么办？

的医生和患者，有些监护人说的话就特别明确："孩子在这里面待着，至少我知道孩子活着。"确保自己孩子的生命安全，别的都是次要的。当然，这么多年过去了，这些戒毒所还在不在我也不知道了，但是当时"孩子至少还活着"这句话对我后来的咨询工作有很大影响，我们要知道底线是什么。

新闻曾经报道过一个恶性校园霸凌案件，一个爸爸在外打工，儿子留守在老家上学。爸爸跟他儿子说，有人打你的话你就赶紧跑。爸爸说这个话的时候，可能他知道孩子遇到了校园霸凌，但他没有做更多的干预，最后这个男孩子被打死了。家长已经知道校园霸凌可能是要命的，知道要让孩子逃跑，在这么危险的状况下，家长就要决定孩子到底要不要上学，评估霸凌的危险性有多大。逃跑不能解决所有的问题，除了孩子不伤害自己，家长还要确保别人伤害不了自己的孩子，保住孩子的命是第一位。一旦家长知道学校里有霸凌事件，而且情况非常严重，对于家长来说，就变成了一个选择题：我能改变学校风气吗？不能的话，能让孩子转学吗？如果无法转学，为了保证孩子活着，哪怕失学也没有关系。孩子需要知道自己是安全的，家长和学校要确保这种安全。如果没有安全保证，那么不去上学也不是一个灾难，而顶着巨大的风险上学可能是一件以生命为代价的事情。

因受到校园霸凌而不能上学的受害者还挺多的，比如有些孩子被同学抢劫索要钱财，然后就不敢上学了。现实中最常见、也是最荒谬的是，一旦校园霸凌发生，通常是施害者还能继续上学，而受害者要承担所有的负面后果，比如失学。受霸凌后的心理创伤还得自己花钱去做心理咨询，有的人一生都被困在因校园霸凌而罹患的精神疾病中。家长需要甄别校园霸凌的严重程度。家长要更早知觉到可能的校园霸凌并做出有效应对，不要等事情发展到孩子已经崩溃了，可能产生严重精神疾病或者不上学了，才知道霸凌的情况。甚至有些校园恶性事件，学校和家长很多的应对方式也可能是有问题的，进而加重受害学生的创伤。

有个中学生网络游戏成瘾，家长来找我咨询，说孩子让他给租个房子。这个孩子不喜欢跟父母一起住，要在外边住，孩子那个时候已经不能上学。我的意见是："你作为父母，你觉得他在外租房子住这个状况会出什么问题？他很可能会去网吧，吃饭有一顿没一顿的，说不定哪天饿死在网吧里，你都不知道。既然他已经不能上学了，你要做的事情是，尽量让他在家里玩电脑，你要保证他活着，然后再想其他的事情。你在家里买个特别好的电脑，配置到最高水平，你先别管他怎么玩电脑，你就管他一日三餐。睡觉你也先别管他颠不颠倒，睡得时间差不多就行。你至少要维持他活下去，因为现实是他整个人都不对了，不可能在短时间里如家长所愿完全恢复到正常状态。"家长听完觉得很绝望，但家长要明白，底线是保证孩子的安全，在家里至少可以把伤害降到最低。我们总说"强制性义务教育"，但也要不违背基本的身心健康原则。

我接触过很多家长，他们期待孩子改变网络成瘾的行为。家长的"幻想"是孩子不再网络成瘾，好好上学，上课听讲，学习成绩上升，期待做心理咨询纠正所有的问题，并且要一揽子迅速解决。可是家长在向我叙述问题时所描述的"症状"，我认为这仅仅是孩子状态开始下滑的时间段，我想要告诉家长的是："症状"还没出齐，估计还会恶化。当孩子出了问题，可能需要和问题共存很长时间，而不是马上就能"翻盘"。

另外，不伤害自己这一点是父母从孩子小时候就要开始关注的。比如不要孩子出现自伤和自残，如果出现了也要限制这个自伤和自残的强度。

小龄儿童最常见的自伤和自残的例子是自闭症儿童，当他们情绪不好的时候，自伤行为严重到可能会出现用头撞墙、撞地，抓自己的头发，把头发揪掉、把头皮抓出血，咬自己、抓伤自己；不太严重的、比较可以容忍的是抠手指、把手指抠到出血，咬手指，家长说孩子都不用剪指甲，因为都咬掉了，指甲都是参差不齐的。凡是小龄儿童出现自伤情况请找专业人士处理，尤其家长要注意减少对孩子的激惹，避免出现自伤、自残行为的环境和养育模式。这个部分可能需要家长学习专门的关于应对儿童攻击性的策略。

大龄儿童自伤、自残的例子常见于青春期抑郁、边缘型人格倾向等。青少年有可能出现的自伤行为有：用刀划伤自己的胳膊，偷偷使用过量的酒精或精神科药物，最严重的是自杀。生命至上这个原则，父母要在孩子很小的时候灌输给他，不管遇到什么，都不要选择自我伤害。孩子自伤或自杀有可能是出于外因，比如校园霸凌、遭受性侵等，家长自己要明白，也要让孩子明白无论遇到多么倒霉的事情，保住命是最重要的。另外，孩子自伤或自杀还可能源自家庭养育，比如父母养育过于严苛、家庭暴力；也可能有孩子自身的原因，例如抑郁但父母没有发现等。凡是有自伤、自残，甚至自杀的问题，家庭需要调整的话，最好请找专业人士帮助，在这种情况下，很多家庭自己调整有可能越调整问题越大。

其次，不伤害他人

为什么不伤害他人特别重要？有些家长觉得我的孩子有问题，所以其他人都应该理解。可如果孩子伤害他人，这就不是他人可以接受的事情了。家长有义务教自己的孩子给别的孩子一个安全的环境，就如同家长期待自己的孩子有一个安全的环境一样。因为如果孩子不给别人一个安全的环境，很难预测他会给自己和他人带来什么样的不良后果，有伤人行为是最容易被学校劝退的，甚至非死即伤。

我认识的一个青少年，他有一点点被害妄想，一直觉得别人要伤害他，他有反击的欲望。但这个青少年很聪明，他跟我讲："你知道我多憋屈吗？我不敢随便反击的，因为万一我反击，后果可能是我承担不了的，我要是把他打坏了，怎么赔？"

在我的咨询案例中，更多的是处理自闭症儿童的一些攻击性，通常来我这里咨询的孩子问题都不是很严重，没有太多的主观恶意，而且父母愿意积极配合处理攻击性。我们工作的重心更多的是限制孩子的攻击性，当然还有解读他的攻击性，哪些是可接受的，哪些可以变换方式。如果攻击性特别强，那么可以和学校商量减少上学时间并且带陪读等。因为这些攻击性会给他人带来不安全感，那么其他人就会躲避攻击者，攻击者会感受到社交排斥，很难融入团体。

我们更要注意校园霸凌的部分，最危险的是父母不管，或者不积极地管理他们的孩子霸凌别人，原因是父母觉得"反正吃亏的也不是我们"。还有一些父母的性别态度也透露出他们的养育问题，我听过好多养儿子的父母说，"生下来知道是儿子就放心多了"。那就等于家长站在性别角度上认为男孩是可以成为霸凌者的，他们觉得自己的孩子安全了，而把不安全留给了女孩的父母。也有的父母在自己的孩子欺负别的孩子时，他们已经管不了了，因为孩子小的时候没养好，大了也没办法管教了，只能听之任之。

虽然校园霸凌等恶性事件大部分是受害者吞下所有的苦果，如受害者遭受抑郁症和创伤后应激障碍困扰要去看心理医生、休学或退学、学习成绩下降等，但是校园霸凌事件中的施害者实际上并不一定真的安全。公开报道过的因反击校园霸凌而导致的恶性案件很多，在网上可以搜到，有女孩家长认为一个男孩霸凌他女儿，觉得老师和男孩家长不积极配合解决问题，女孩的家长很绝望，矛盾一直无法解决，某天女孩家长没让孩子上学，孩子爸爸自己带着刀去学校，当着全班同学的面把这个男孩捅死了。也有霸凌者威胁受害者要在某个地方打他，结果受害者带着刀把霸凌者刺死了。

作为家长，常规的假设"这就是孩子之间的打闹，不会升级到死亡的程度"，但是孩子和家长都无法知道你攻击了别人，对方的反击力度到底有多大，万一对方出手还击，不论是故意还是失手，都可能意味着孩子的死亡。所以限制孩子的攻击性，尽量用非暴力的方式解决问题，是父母从小养育孩子必须注意的。

霸凌者很可能在身体上是有优势的，甚至在家世、背景上也有优势，觉得攻击别人是没有风险的，别人拿他们没有办法，但是这些所谓的"优势"未必真的那么有用，或许受到的反噬是孩子和父母都承受不起的。我经常推荐我的学生去看北京卫视的《档案》节目，这个节目有一期讲方世玉，人家摆个擂台，方世玉就去打擂把擂主打死了，打死了以后对方找了人来打他们，又打死了他们这边的人，他们家又找人打，来回打了好多轮，方世玉的亲人和对方的亲人，还有很多非常有名的武林人士参与其中，最终他们都死了。施暴者并不能保证可以完全控制暴力的进程，双方以暴制暴且逐渐升级的暴力，最终会导致更大规模的破坏，这可能是双方都难以承受的。

现实中在学校里也不一定都是出手伤人才是伤害别人，有些孩子上课时到处乱窜，发出各种声音，总是干扰课堂秩序，影响其他同学上课，这也算是伤害的一种，因为别的孩子需要一个安全有秩序的学习环境。因此，无论是伤人还是非伤人的行为(如影响课堂秩序)，父母都需要去处理，不然其他家长就会有所行动。

有些家长可能认为我的孩子有心理问题或者特殊的情况，并且我的孩子也有受教育的权利，所以其他孩子都得忍受。这个想法是

上学困难，怎么办？

不现实的，有这类问题的孩子肯定会受到其他同学、家长的排斥，老师和学校也会面临巨大的压力。真正出了问题时，家长得想办法解决。可能要教孩子怎么去克制自己的暴力，或者安排陪读看住孩子。如果孩子的攻击性或暴力行为比较明显，家长可能要选择让孩子休学一段时间。如果是非暴力的情况，比如只是影响课堂秩序，那么可以在一段时间内找陪读，选择上一部分课程，或者休学一段时间，我们会在随后的章节讲到这部分内容。如果孩子有上课影响课堂秩序的情况，要么寻求心理咨询让孩子调整自己的不良行为模式，保留不太影响他人的不良行为，先不要幻想把所有不良行为消除；另外也可以请陪读，如果孩子想要扰乱课堂秩序，陪读就带他出去玩。这样做的目的是保证孩子不被排斥而没有学上，家长这个时候已经不是要关注孩子学会什么知识的时候了。

最后，不破坏贵重财物

有的小孩破坏力比较强，不管什么东西都敢砸，像一头牛跑进瓷器店里一样一通乱撞。当你遇到这样的小朋友，就要小心了，比如说他可能把你的电脑砸了，而你的电脑里可能有重要的文件。学校里可能没有什么太贵重的东西，但你要考虑各种可能的风险。比如我咨询过的一个幼儿园的小朋友，幼儿园有喝热水的大水桶，小朋友都在水龙头处接热水喝，而他把水龙头给揪下来了。水龙头不算贵重财物，但这个行为本身是有风险的。一旦水桶被掀翻，孩子被砸伤或被热水烫伤就是大事。

还有个小朋友，跟学校门口的保安关系不错，进保安室里面把人家的烟灰缸故意摔了。我们能看到，这种比较有特点的破坏性行为，有明显的攻击性，父母该怎么办呢？该赔偿就赔偿。赔偿本身能让这样的小朋友明白到底发生了什么，应该怎么处理。

我碰见过一个被霸凌的小孩，班上有个同学就喜欢欺负他，觉得欺负他特别有成就感。有一天晚上家长带孩子来找我咨询，非常紧急，孩子还哭着呢，说他们班同学老欺负他，已经把他两个眼镜踩碎了。像这种校园霸凌，我们处理的方式就是毁坏财物就要赔偿。通过老师调解，加上霸凌者家长属于讲理的，这件事处理得比较好，霸凌者家长把两个眼镜钱都赔了。后来我问那个男孩："他还来踩你眼镜吗？"他说："不踩了，赔了3000块眼镜钱。"估计这个钱赔的让那个霸凌的小孩和他的家长"肉疼"。疼了，才能知道这个行为是有代价的，是需要停止的，以后要是再这么做就得做好赔偿的准备。家里有攻击性强的孩子的话，家长就得做好心理准备，各种损失都是正常的，要留出预备金。

另外，如果家里有攻击性强的小孩，有破坏贵重财物的风险，家长还要提醒周围的人。我咨询过一个小孩，这个孩子有一阵特别喜欢踢纸篓，看见纸篓就踢倒，他的爸妈就纠正这件事情。孩子踢纸篓这个行为倒是改正了，却变成看见手机，就把它从桌上扒拉到地下。我亲眼看见在一家饭店，小朋友把人家新的手机直接扒拉到地上，手机一个角磕破了，当时家长赔了几百块钱，人家还挺不愿意的。如果家长知道孩子有破坏贵重财物的风险，可能就要提醒周围的人孩子可能会做出什么样的行为,家长自己也要做好赔偿的准备。另外,在孩子极有破坏性的情况下,尽量少带他到这些可能造成破坏的场所。

再回头来看,当小孩有不良习惯的时候,某个不良习惯如果成本很低,就尽量让它保留下来。踢纸篓最多家长扫一扫就行了,可如果变成了摔手机,而且谁的手机他都敢摔,那代价多大呀!

总之,关于父母养育孩子的三个原则,是我们之后在判断特殊儿童是否能上学或者能以何种方式上学的基本原则。

自理能力

对孩子自理能力的判断参见养育三原则的第二条,是否会伤害到他人,即是否会造成对他人的严重影响,尤其是老师。

孩子能不能上幼儿园或小学,我们需要考虑的一件事情是自理能力,尤其是大小便能不能自理。有好多幼儿大小便不能自理也去了托儿所或者幼儿园,主要是看幼儿园人手是否充足,如果老师比较多,孩子比较少,管理上还行的,小朋友偶尔尿裤子能帮忙换一换尿不湿或裤子,老师压力还不大,但要是大便不自理会便在裤子里的话就很麻烦,孩子年龄越大越麻烦。

有个家长问我她的小孩能不能上学。她家孩子最开始来找我咨询的时候是 5 岁,属于人格瓦解。原来孩子的发展挺好,但大概在 5 岁的时候完全崩溃了,可能是因为姥姥的养育问题。妈妈当时工作，把孩子给姥姥带，后来小孩整个人崩溃了。崩溃以后语言也消失了(4岁以后才消失的)，所有功能都不行。来咨询以后，孩子慢慢变好，语言也开始出现了，但是孩子大小便的控制还不是那么好。疫情期间她来问我孩子能不能上学的时候，孩子已经11岁了，妈妈希望小孩能上学，减轻妈妈自己的负担。

可是那个小孩有明显的大小便失禁的问题，她都11岁了，上小学一个老师管理至少40多个学生，不可能单独派一个人专门管小朋友的大小便，如果不带保姆或陪读的话，我觉得根本上不了小学。家长问我能不能上特殊学校，我认为上特殊学校也是一样的问题——自理问题，自理问题没有解决的话，上特殊学校还是普通学校都一样，学校除非拨出一个固定的人管理大小便问题，否则课堂就会乱了。我一直认为对于特殊儿童，国家拨出的保障的钱不应该只用于做训练，如果有一部分钱可以用作请陪读的话，孩子会有更多的机会上学。当然如果家庭经济条件好的话，家长自己请陪读也是可以的。最重要的是孩子的自理能力是否会成为老师和学校不可承受的负担，如果是的话，父母也没有能力请陪读，那么就可能需要推迟上学或者无法上学，家长要有预期和判断；如果能请陪读的话，家长就需要和学校具体协调。

家长的目标和态度应该是什么？

关于上学和休学，我们的目标和态度应该是什么？前面讲了很多需要休学的情况,但我并不是说孩子稍有不适就一定要选择休学,我们的目标是能上学尽量上学,但要保证不违反养育三原则,保证孩子的基本安全,一切为了孩子的身心健康。

上学并不是全或无的,很多家长觉得上了学就得全上,如果不上就直接休学或退学,没有中间状态。但是,我们的态度是一旦孩子出现问题,有不符合养育三原则的地方,我们可能就需要做出调整,可能从全天上学调整到少上学和不上学,按照实际情况选择。家长要保住孩子上学的状态,也希望学校尽可能提供方便,让孩子在一段时间内可以选择上"花班"(比如一天只上三节课或只上美术课和体育课,因为很多自闭症或者多动症症状严重的小朋友,会严重影响课堂纪律,我们按照养育三原则里的不伤害他人来处理,尽量选择一些对课堂纪律要求比较低的课程),也可以课程全上,但是作业只做一部分或不做,先让小朋友稳定到一个不那么焦虑、愿意去上学的状态,然后再处理后续的情况。家长和学校要相对宽容,有问题的小朋友需要成长或康复的空间。有需要的时候,给问题儿童请陪读。对于孩子的学习状态,家长应该有的态度是:①孩子能在学校待着就行;②休学没什么大不了的。

孩子能在学校待着就行

我们的第一目标是孩子能"混在学校里"。我和周婷老师之前写过一本书《重建依恋》,我们这本书有个读书群,成员主要是自闭症儿童家长,也有部分有其他问题的儿童的家长,大家会互相交流。

去年读书群里好多小孩上学,也有小孩要失学了。群里家长说她的孩子上学非常紧张,孩子要把所有作业都做完,他会紧张到手麻、全身疼。那个男孩还特别有意思,就像科研人员一样,他手麻、手疼,或哪儿疼、哪儿难受,他都要记下来,拿个本子"唰唰"地记,不停地写,累得手都疼了。我跟他妈说,能不能把他这些文本都留着,将来给我们用,我好知道他哪儿疼。这个孩子是小学高年级学生,我就说像这样的孩子,上半天课就好了,作业就不用做了,上课听着玩儿就好了。

他妈刚开始不能接受这一点,过不了自己心里这一关。我认为那个孩子已经到了心理问题躯体化的严重状态了,极其外显,这时候上学的量和作业的量都要减下来。家长担心老师会觉得"你原来都能做好的事情,为什么现在就做不了了呢?你原来作业都能做完,现在你说做不完"。可是家长必须明白,再这样下去,小朋友过度焦虑,等待他的就可能是失学,为了让他不失学,孩子的现实情况已经这样了,是要和老师谈的,谈的目标就是我们怎么把课业降到一定的量,这个量是小朋友愿意在学校待着的量。

有的咨询师都过不了自己那一关。我曾经和一个咨询师聊过,一个上中学的孩子,有暴力倾向,我就说这样可能就不能单独上学,可以说服家长,要带陪读,要有人看着他不对别人施加暴力,给其他同学营造安全的环境也是孩子和家长应该做的。跟小龄孩子的要求一样,学习成绩不重要,能安全地混迹在学校里最重要。这个咨询师很难接受,她都说服不了自己,想要说服家长就会变得特别困难,大部分家长认为孩子进了学校就要表现好,符合学校的各项要求,各方面要都能跟上。但是如果你的孩子是一个问题孩子的话,那要考虑的就不是跟不跟得上,而是孩子能不能待在学校里。如果孩子的人际关系没问题,没被别人欺负,也没得什么精神疾病,成绩好不好不是那么重要,只要能在学校待住,心态很好地混迹在校园中,那孩子就已经赢了,之后孩子还会有无数的改变机会。

家长、老师、学校要进行多方会谈,明确孩子的"安全线"在哪儿,让孩子至少能够相对健康地来上学。他只要去上学,一个字都不写,可能也会听进去点儿东西,总比上不了学好,也比紧张得不得了、害怕完不成作业、什么也听不进去要好。很多孩子看起来上课时眼睛没看着老师,就算他处在解离、神游状态,他可能也会听一耳朵,有时老师提问,他可能还会。老师有时会说"觉得你也没听,但好像你也会"。他们那么听一下,其实也可能入耳了,家长和老师不要假设孩子呆坐着没用,有可能有用,孩子在学校能多待一会儿就多待一会儿。

很多时候我不太担心孩子的成绩,包括自闭症小孩、多动的小孩,还有因网络成瘾成绩下滑的小孩,很多孩子的父母都是高知,从遗传的角度来说,这些孩子其实挺聪明的,而且有些孩子的成绩之前还不错。尤其是有些老师说"我觉得他很灵,他很聪明,其实他都会",但凡碰到这种小孩,上课看起来不注意听讲,还有各种各样的问题,家长要做的事情就是放松,对自己也对孩子说:"我默认你够聪明，都会。你做差不多就可以了，不用紧张，先做一半或者更少都没关系，相信你将来都会。"这是自我实现的预言。家长传递给孩子的态度是，他想学会时，早晚都可以学会，但是现在不会也没关系。我们要解决的问题是让孩子愿意上学，上学没那么可怕，做不完作业或者做错都没有那么可怕，慢慢坐在课堂里，就算是不影响别人自己在课堂上玩也行。只要他坐在课堂里，没有影响到别人，还能待得住，那么他在学校待得越久，就越成功，就越有"翻盘"的机会，但就是家长不能着急改变。

休学没什么大不了的

受到大环境的影响，几乎所有人都觉得学是必须上的，等到孩子出了问题，很多家长过不了自己这一关，不上学怎么行？一个家长，她的女儿上幼儿园，孩子只要去幼儿园就生病，然后回家休息治疗，治好了立马送幼儿园。家长觉得幼儿园是必须上的。病好了再去，去了再病，病治好了还得去，无限循环。我问孩子能不能不上幼儿园？要是上小学也就算了，幼儿园不至于吧，好多人没上过幼儿园也没事儿。我的同事，钟杰老师说他没上过幼儿园，姚萍老师好像也没上过幼儿园，我小时候也不愿意上幼儿园，我觉得上幼儿园就是一个创伤性的体验，没上过幼儿园根本不影响未来的发展。上幼儿园出问题，有的时候可能是老师的问题，有的时候是孩子的问题，有些小孩是高易感性的，比其他小孩更容易焦虑和恐惧，那么多小孩上幼儿园，都没多大事儿，但就是有些小孩会出问题，那

上学困难，怎么办？

这样的小孩就得按特殊的方式处理。

哪怕是真的需要休学，也不是什么天要塌下来的事情。如果孩子真不能上学了，家长怎么办？在这种情况下，很多家长压力会非常大，绞尽脑汁想要处理好孩子的事情，让孩子能继续上学，结果就是后续产生一大堆麻烦。如果确定不能上学了，就痛快回家，该吃吃、该喝喝、该玩玩。比如那位临近高考、头疼欲裂的高中生，就休学了。至于高考，能考的话就进去写两笔看看怎么样，没关系，就当走过场，溜达一圈知道什么叫高考，也算人生一大经历，去体验一下，当然不能去考也不用逼孩子。

类似的情况有很多，有些学生到高考之前，因为考试压力太大了，他们没有办法去面对，不知道自己到底能不能考上，就坚决不去上学了。我一个同学的女儿也是这样，高考前两三个月，突然就不去上学了，我建议他让孩子回家，好好在家待着，跟孩子说："没关系，能考就考，不能考就不考，作业能做就做，反正该学的都学完了，剩下这几个月就是复习，也没新知识了，不去学校没关系，考试那天进去随便答答，能答成什么样就什么样。"结果过了几个月，听他说他的女儿去参加考试了，进去答了答，考上了一个重点大学。孩子已经到了崩溃的边缘，不能强求。我也不知道会有这种效果，这不是我的期待，我认为孩子考不上也挺合理的，只要没崩溃，以后还有各种机会。不过这种情况，我认为还是需要后续的心理咨询。因为是我的同学，我也不便真的深入咨询，只是给了简单的建议。特别说一句，心理咨询师不给自己认识的人做咨询，这是职业伦理上的要求。

　　当然关于上学我们的第一目标还是"孩子能混在学校里",但是如果混不了,家长就要以特别好的心态来面对孩子的休学,要能说服自己也能说服孩子,"嗨,在家待两年算什么呀?不行的话我们去看看大千世界吧"。我经常让来找我咨询的一些家长留心收集那些没有去上学,后来发展得还不错的孩子的例子。有一个家长给我讲了一个不走寻常路的小女孩的例子,她亲戚的孩子上了一个国际学校,毕业的时候,有一个学生代表的发言特别有意思,讲了一通自己的人生。这个女孩小学时突然就不想上学了,她妈心态特别好,家里条件也好,就说:"好吧,那就让你表哥带你全国各地旅游。"等过了几年,她还不想上学,也不想上初中,她妈说还让你表哥带着你全世界旅游。又过了几年,孩子发现老这么玩儿也没意思,就说我想上学了,就去了那所国际学校。结果还学得挺好的,能毕业代表学生发言。如果当年家长要求这个孩子必须坐在学校里,老老实实、按部就班,那孩子可能就被逼疯了。孩子疯了,家长有什么好处吗?没有好处,孩子都崩溃了,从崩溃中恢复就更难了。所以家长看孩子不对劲的时候,不要去纠缠,该休学就休学。

　　我以前的一个研究生,小的时候一紧张就有皮炎,皮肤一大片一大片地变黑,平时不是特别严重,有压力的时候才表现出来,而且是游走式的,在身体很多部位都有,压力消失,黑皮炎也消失。她说自己上高中的时候特别明显,高中有一年没上课,后来也考上了好大学,其实不上学对她没有什么太大的影响,甚至对她更好。

她自从上了我的研究生以后,可能我的实验室压力比较小、氛围还不错,就没再长过黑皮炎了。高中期间,她爸比她心态还好,不上就不上呗,还安抚她能考上哪儿算哪儿。家长心态上一定要好,孩子就是特殊的小孩,她的病症已经非常明显地表现出来了,有压力时心理问题躯体化异常严重,休学一年对孩子的长期影响是积极的,其实也不算是休学,就是不上学还随着班级走,然后还是和同班同学一起考大学。很多小孩会有类似的身心疾病,幼儿更常见,如果到大了还有的话,那就说明他的防御机制比较幼稚。青春期的时候,很多青少年不是心理问题躯体化,而是更多地表现为纯粹的情绪问题,比如抑郁、焦虑、社交恐惧,严重的会有自杀倾向,这些都是需要家长关注的,不能上学就休学。

以上举的例子就是心态好的家长,心态不好的家长是什么样子的呢?比如说有些孩子网络成瘾不能上学,天天在家疯狂地打游戏,家长很发愁,对这件事进行灾难化,"完了,我孩子这辈子就完了",家庭气氛很低沉。最后,孩子吸纳了家长的焦虑、恐惧和绝望,跳楼自杀了。关于网络成瘾,如果家长不跟孩子纠缠玩游戏的事情,不跟孩子互相攻击的话,基本上两三年可能就过去了。大家可以想想,当年我们玩游戏再上瘾,几年之后可能连这个游戏都下架了,我当年还跟人家玩偷菜游戏呢,那游戏也一度全民参与,"成瘾"的人太多了,后来谁还玩那游戏呢。

有人可能会问,会不会小孩一休学就永远不想去上学了?有这个可能。但是不休学孩子可能会崩溃,或者自己就不上学了,到那个时候家长也只能选择休学了。哪怕孩子一直在家，只要没什么严重的精神疾病，其实也不算多坏的选择。在大部分情况下，在家待着挺没意思的，对于儿童和青少年来说，家里的刺激量太小。如果家长不折腾孩子，不和孩子纠缠，孩子在家待一段时间以后，就会觉得在家待着人生特别没意思，他要回学校。而且青少年的人际需求是很强的，我认识的一个初中生总被同学欺负，得了创伤后应激障碍，但休学一年后，还要求回他原来的那个班级。孩子也需要人脉，需要人际互动，家长给孩子的刺激量是不够的，没意思，没有吸引力，所以很多孩子休学一段时间后还是回学校了。如果家长处理得好，大体上会是这样的走向。也有处理得不好的，这个事情很难说，没有人可以保证。

难就难在家长要控制住自己不折腾孩子。当孩子已经失学时，家长很难看到孩子身上好的地方，而是看他哪儿哪儿都不对。要从鸡蛋里挑骨头似的挑出一点儿好来，简直像是要了家长的命。很多家长不具有这个功能，这时候家长在压力下是非常有攻击性的，在传统文化下养育孩子更可能表现为指责和批评。要求家长在孩子这么差的状态下，学会表扬，确实特别难。可是孩子一旦出问题了，对家长的要求也就提高了，如果家长很难适应的话，是需要心理咨询的，通常孩子在家长接受不了的情况下休学，对家长是巨大的心理创伤，家长也是需要安抚的对象。

上学困难，怎么办？

要不要晚点儿上学？

有的小朋友，说话不灵，自理能力不灵，所有东西都不灵，如果上学，那么多问题怎么办？这样的孩子估计要晚点儿上学。但是实际应对的时候，很多家长只争朝夕，孩子越有问题，家长就越觉得要笨鸟先飞，明明孩子各方面表现都不好、都滞后，家长却觉得更要使劲努力。这种想法是很不好的，往往适得其反，欲速则不达。

有些小孩比较弱，在幼儿园都被欺负，上小学明显比其他小朋友弱的话，可能更会被欺负。如果孩子的发展序列没有那么好，我们建议还是要让孩子晚一点儿上学，而且晚上学最好的时间点是幼小衔接，不要按时上小学、初中，然后再降级，这样做对孩子的心态影响很不好。

我知道一个有自闭倾向的小男孩，要从幼儿园中班升大班了，特别聪明，给自己开了一个"处方"，他说他要"蹲"一年，要在中班重念，他不要在大班重念，他的妈妈就同意他在幼儿园中班重念。在越小的班级重念越好，尽量不要在小学里留级。在小学降级很难，一般学校不让降级，但是孩子状态不好被迫休学，再回学校可能就要跟着低一个年级念书，变相降级，如果降级发生在小学，孩子有可能会因此被嘲笑。

幼儿园留级还好说，但是小学里的其他孩子也是有记忆的，如果孩子在上小学期间状态不好，上了一半退出来进入下一个年级，同班其他小朋友就会知道你可能是一个"降级包"，而且在原来班级里表现不好的地方很可能被传到下一个年级，这会产生歧视，有些降级的孩子自身也会觉得有羞耻感，毕竟和原来的同学还在同一个学校里面。所以这种情况尽量不要发生在小学里。如果将来孩子有可能念不下去，可能会出问题，可能需要晚一年，那就尽量在更早的时候晚一年，甚至晚两年也没有关系，也就是到了上小学的年龄，晚一两年再去报到。当然在念书期间出问题的，被迫休学了，那回去就要做好各种心理准备，能够应对降级带来的各种不舒服。

很多家长都认为孩子必须按时上学，到 6 岁还不上学的话，家长就会异常焦虑，但实际上有好多人很晚才上小学，也没什么不好的影响。以前我遇到一个妈妈就特别紧张，但她一反思，她自己其实 8 岁才上小学，因为她家在农村，还是个女孩，那边对上小学也不是那么在意，她晚上学了，而这实际上对她后来的学业也没有太大的影响。她忘了自己的成长经历，被洗了脑似的觉得就该 6 岁上学。

从教育政策方面，理论上应该 6 岁上学，但就算你不去，其实这个政策也不能抓着小朋友去上学。虽然义务教育具有强制性，但家长不把孩子送去，学校能把孩子的学籍表弄丢吗？不能，它还在那儿。家长最好还是开个证明，说明一下小孩的发展可能不到位。

一般我都会建议家长，越早发现小朋友有问题，就尽快到专业医院去诊断，因为那个时间症状最严重。比如，到孩子 6 岁的时候，家长还是可以拿 3 岁时的那个诊断给学校或教委的人看，证明我的孩子发展有问题。等到孩子要上学了，才找医院开诊断，希望医生开证明说孩子可以晚一年上学，就很难了，一般来说医生都不愿意

上学困难，怎么办？

开这样的证明，医生也是要负责任的，医生会觉得开这种证明他是要冒风险的。如果学校不认可早年开出来的证明，那也没有办法，这种情况下，家长就要顶住，这已经是你能拿给学校的看起来最合理的证明了，只能是不去上学了。就算没有任何证明，家长不送孩子去上学，第二年再去，理论上学籍也不会丢掉，它还应该在所在学区的学校，不会出问题。

家长读书群里有家长说他家小孩已经晚一年上学了，由于义务教育政策，管学籍的人会给他打电话，问孩子怎么没上学，因为学籍表是对应到孩子所在小学的，孩子没上学是有人盯着的，因此家长就会承受一部分压力。家长问我怎么办，他觉得很难去应对这件事情。现实来说，家长不一定都能开出医学证明，应对这个事看起来比较麻烦。但其实，家长要做的事情就是尽量明确告知对方孩子能力有限目前上不了学，别把这当回事，晚就晚了，下一年还是有资格上学的，义务教育不会落下谁的。

还有一种说法，对于男孩来说，晚一年上学也挺好的。小男孩整体的心智发育和语言发展会相对慢一点，晚一年上学，也许是送给那些发育有一点点滞后的小朋友的最好的礼物。

跟家长谈的时候，我会举很多例子，说晚上学没什么可怕的。晚上学这个事情，我记得最清楚的是一位科学家，罗蒙诺索夫，他的经历能够说明，晚上学没关系。我经常挑这种电视节目看，看完特别励志。我经常给家长讲这些故事，也让家长自己去收集这样的故事，因为家长需要知道有一些可能性是存在的，不然他们会很紧张。

罗蒙诺索夫应该是个天才,他1711年出生于一个渔民家庭,他所在的村子里什么教育资源都没有,他14岁时不知道从哪儿弄了本数学书,就自己研究。他问了周围所有的人,最后也没有人能教他,他只能自学。他所在的地方离莫斯科很远,后来有一个商队要去莫斯科,他就跟着商队走了,去了莫斯科之后冒充教会执事的儿子上了学,那时他已经快20岁了。他以一个很奇怪的身份去上学,周围同学都比他小很多,就他一个人长得高高大大。对于罗蒙诺索夫来说,有些东西只要想学会,他就能很快上手,晚点学也没什么关系。他后来成了百科全书式的科学家、语言学家、哲学家和诗人,提出了"质量守恒定律"(物质不灭定律)的雏形,可见晚上学的后果也没有想象中那么严重。

另一个例子是英国化学家汉弗里·戴维,他成功分离出了金属钾和钠,开创了农业化学,著有《化学哲学原理》。他早年的时候就是一个纨绔子弟,不学无术,直到16岁父亲去世,需要他养家糊口,他才幡然醒悟,17岁时从学徒开始做起,如饥似渴地吸收知识。

晚上学,或是上学期间休学一两年,也没什么大问题。前期就算有各种不足的地方,后续再补一下,也就没事了,只要态度上没有问题,整体就不会出太大的问题。前面失去的时间没有必要灾难化,就算有些儿童青少年网络成瘾,在家待两年没上学,也就相当于是晚上学、晚毕业了,如果这样想,那事情也没有那么恐怖了。

有的家长只争朝夕,小孩太聪明了,就不断地跳级,这些孩子

上学困难，怎么办？

有些适应还好，有些就会出问题。那种特别聪明的跳级的小孩，在我看来明明学习都很好了，还折腾什么呢？这么聪明的孩子，大部分人际关系都会有一定的缺损，为什么还不用前面的时间带他好好玩？好好补偿人际方面的缺失。学习学到这样已经够用了，差不多就行了。提前毕业、提前工作，六七十岁才能退休，孩子该好好玩的时候都没玩到，亏不亏？为什么要这样发展呢？家长只争朝夕为了什么？多挣那两年钱有什么意思？有的时候在家待两年休整休整，到处去玩玩，也是好的。

在咨询中我能看到早上学可能会出的问题，提前上学的话，就算小朋友学习能跟上，但是小朋友心智比较弱，个头比较小，就容易受欺负。小朋友之间彼此打量一下就能评估出来谁好欺负，就连自闭症小孩之间都能看得出来谁能欺负谁，弱的小朋友的眼神里会写着恐惧，感觉就像"你可以欺负我"。我咨询过的两个自闭症小孩一前一后，一个要走、一个要进来，俩人面对面相遇，一个就推了另一个一把。在我们看来，他们俩都很弱，但在弱的里面还能分出来强弱。如果小朋友真的很弱，家长要考虑晚上学或者带陪读。

当然，家长让小朋友上学也有自己的想法，不管怎么说，上小学还是便宜的，北京一所普通幼儿园学费一个月几千元很正常。北京公立幼儿园和私立幼儿园收费差距特别大，公立幼儿园大概1000元上下，私立幼儿园可能要四五千块钱甚至更高。所以对于家长来说，上幼儿园还有一个潜在的经济负担问题，正常上小学对家长来说是有诱惑力的，上小学基本上就是免费了，省钱。

理解义务教育阶段的政策和规则

关于能不能上学,我们首先要理解规则。我国是九年制义务教育,理论上孩子在这个阶段是不会失学的。义务教育阶段一般不用担心会被强制失学。除非像我们前面说的违背了养育三原则中的不伤害别人这个原则,否则,理论上孩子能一直上学。

当年有个上初中的男孩来找我咨询,他的学习成绩不是太好,死记硬背不太灵,背不下来。老师分小组背诵,背不下来就"连坐",比如三个人一组互相听别人背,如果背不下来,仨人都得留下不能回家。这位老师还威胁他说:"你看你这是什么状况?不行你就别念了。"

他和他妈都被吓坏了,以为不能念书了,要失学了。但实际上,这个老师没有权利开除他。初中属于义务教育,孩子不犯大错误,不用担心会被强制退学。这是个规则的问题,家长们要知道规则是什么。

咨询师:你是北京户口吗?

男　生:对。

咨询师:你是这个学校学区的吗?

男　生:对,初中。

咨询师:那凭什么开除你,没权利开除你。老师能打你吗?老师比你高、比你矮?(这个孩子一米八几,长得高高壮壮的)

男　　生：肯定比我矮、比我瘦。

咨询师：她就算打你两下，你也不会发生什么，你怕她什么？她也不会真的赶你走。

男孩妈妈：老师会不会在档案里记孩子不好呀？

咨询师：有可能，但大概率应该不会让你不及格、不毕业，老师如果让你不及格、不毕业，说明她教得不好，没把学生送出去，学生继续"蹲"在这个学校，学校也不让。九年制义务教育，你以为那是什么，她得"拱手"赶紧把你送走才行。

估计那个孩子还是担心被老师打，家长担心孩子会因为学业不好被记入档案，经过我一番略带夸张的解释，知道无论如何都不会失学之后，他们就高高兴兴地走了。

我觉得真的是他不知道规则，妈妈也被吓坏了，也以为学校能开除他。我说肯定不能开除，学籍表都在学校那儿，学校得正式把你送走让你初中毕业，学校才算圆满完成工作；如果老师把你留下了，给你写了一堆不好的评语，还让你留级、不让你毕业，或者是开除你，学校都得向上级单位解释、报备。而且家长真以为留级那么容易吗？现在学校基本上是不让留级了，留级是要"走后门"的，"走后门"都很难办到。我给孩子和家长讲了这套规则以后，感觉孩子松了一口气。

这个男孩没犯什么大错误，考试能及格，也没发生什么灾难性的事件，只是完不成老师布置的背诵作业，这个理由不足以让学生被开除。没违法犯罪，也没违反养育三原则(我们没有真的伤害自己，也没真的伤害他人，也没破坏什么贵重东西)，基本上没事。

后来我还跟他和他妈妈讲，要不要跟老师说一下，你就是做不完这个背诵的功课，反正你也背不下来，就不要"连坐"了，你不参与小组就行了。但是男孩不同意，他说他愿意跟同学在一起。他还有人际关系方面的问题，他很需要人际交往，需要归属感，不能一个人待着，所以他宁可把那些人都拖下水，也不要一个人被落下。后来"连坐"这事儿怎么解决的我就不知道了，可能他家长会跟老师去谈吧，他妈也不是特别弱，只是被吓到了，以为孩子会被退学。

这一章我们从不同角度讲了关于上学的事情，重点就是让孩子尽量去上学，能上学就行，放低其他方面的要求，实在不能上学的话，那么就要有技巧，另外也要懂得教育方面的政策，在这个框架下，家长和孩子要学会维护自己的权益。

休学或转换学习环境

本章将就孩子出现哪些情况可能意味着要休学或者转换学习环境(比如转学、换班、降级、升学等)这一问题进行讨论,可能涉及精神病性发作、睡眠问题、校园霸凌、伤害他人等具体情况。

精神病性发作

如果孩子出现精神病性发作,比如上课期间情绪严重失控或者有怪异表现这种很明显的精神病性迹象,我们建议孩子休学,好好把病治一下,再上学。

一方面,这种症状可能是学校压力造成的,这个压力不可能马上减轻,不休学的话,孩子的症状会加重。在这种情况下,家长需

上学困难，怎么办？

要选择是要成绩、要上学，还是要孩子的命和健康。

另一方面，周围的同学全都看到了孩子精神病性发作的过程，这会变成以后别的孩子对他的谈资。我们无法知道别人怎么传话，也不能消除别人的记忆，无法控制之后的事态发展。以前我遇见过，学生上课时表现出一些类似精神分裂症发作的症状，后续就会很麻烦，有的班级很好，同学不会说什么；但是对于一些班级来说，可能会变成校园霸凌的一部分，毕竟这个群体是有记忆的。家长要特别注意，类似于精神病性发作的表现，很可能会给周围人留下印记，我们多少还是要遮掩着点儿。

有人说，这不是病耻感吗？为什么不去克服？因为在不知道别人会不会歧视你的情况下，你还是要考虑最坏的情况。不能假定所有人都是好人，万一对方不是好人，怎么办？我们要理解，人类有攻击性是一种常态，遏制自己的攻击性是人类在社会化过程中应该学会的。有些孩子的攻击性反应真的是一个很常态的反应，并不是每个孩子都"人生美好"、善于助人。有些孩子，甚至包括老师，都憋着一股劲儿要去攻击别人，而他们正在找谁是适合的被攻击的对象。所以，我们如果预先知道孩子生病了，有可能会有严重的病态行为发作的情况，那么这个时候还是选择休学比较好，先好好治病，磨刀不误砍柴工。

当然这种比较适合那种只发病一次，休学就能治好，之后不会发病或者在学校不会发病的情况。如果是病程迁延不愈的慢性精神疾病，有的时候也只能带着症状去上学，家长和孩子都要做好应对病耻感、应对歧视的准备。向老师和同学提前说明可能会发生的状况,以及如何应对。

如果孩子在班级里、在同学面前有过精神病性症状发作的情况,那么家长就要评估班里同学的态度和老师的管理能力。如果家长发现孩子有可能会被嘲笑、被攻击或被霸凌,或者担心孩子在班里不舒服、受不了大家看待自己的眼光,那么就可以选择转学、换班、降级,如果请陪读可以控制局面的话也是一种选择。我见过一个在高中课堂上精神病性发作的孩子,后来家长选择了休学,等这个班毕业之后,降级到另一个年级,新的班级里没人看到过孩子疾病发作的状况。但是这只是一次性发作的情况,如果孩子反复发作,那么不管换到哪个班里都是同样的问题,是隐藏不住的。

睡眠问题

很多心理疾病都可能伴随出现睡眠问题,比如焦虑、抑郁、网络成瘾,尤其是网络成瘾。孩子晚上玩网游,非常精神、不睡觉,等到白天上课的时候就会犯困,胆子大的就在课堂上睡,胆子小的不敢睡,上课就熬着,这种"蜡烛两头烧",早晚会出大事的。当然家长最希望的是孩子不要再打游戏了,希望孩子晚上能好好睡觉,这样白天上课就不会出问题,但这往往是美好的幻想。

如果家长唠叨一下,孩子就能按时睡觉,问题就能解决了,那就不算是严重的心理问题导致的睡眠问题了。通常情况下,这种睡眠问题是非常难解决的，而且如果叠加上课带来的压力，只会让孩子的睡眠问题更加严重。睡眠质量差、睡眠时间严重不足，白天上课还要认真听讲，崩溃是在所难免的。这个时候家长能控制的部分是减少上学的量或者休学，把睡眠和上课两个问题减少为一个问题，不上学了，那就只剩睡眠问题，然后再说怎么解决。我们要做的是"断尾求生"，先保证活下去，睡眠都出问题了，就不要再增加孩子的工作量了。

当然，解决睡眠问题并不简单，往往要首先处理其背后的心理问题。不管是焦虑、抑郁，还是网络成瘾，找专业人士咨询，先解决心理问题，孩子的睡眠才能慢慢变好。睡眠问题只是标，不是本，但是这个标，又是重要的健康指标。在这种情况下，一定要给孩子减负，不要再加重问题了。

心理问题躯体化

很多孩子上学出问题并不表现为精神症状，他们没办法用情绪来表达，就可能发生心理问题躯体化。我见过病人、也见过我的学生有这种躯体化症状的，比如严重的皮炎，大片的皮肤变黑，也有那种像瘢痕一样的游走性的皮炎。我读研究生时有个同学的脖子处有一大片皮炎，当时我以为是固定的、长在那里的，几年后她留学回国再见面时我发现那个瘢痕没有了，我以为治好了，她说是好了点儿，但是在耳朵后面还有很小的一片。有的学生会出现严重的头痛，疼到想用头撞墙，哪儿都治不好。有的学生会出现惊恐发作，惊恐发作是一种精神疾病，但也有身体上的症状，感觉就像心脏病发作或肺部窒息感，喘不上来气。还有在训练康复中的孩子反复得病，经常得肺炎。

如果孩子出现类似上述严重症状，家长就要减少孩子上学的量，或者为孩子办理休学。我咨询过的一个自闭症男孩，他一参加训练就生病，得病频率非常高，他妈妈开始以为是儿子身体不好、容易得病，后来咨询后停止了训练。训练的地方是一个幼儿园，类似于融合幼儿园，家长从来没想过是因为去那里训练这件事对孩子是一种压力而导致了生病。咨询几个月后，孩子一边咨询一边训练，后来得了肺炎住院了，也是因为发生这件事之后，孩子再也没去上学，从此好几年都没得过病，他妈妈感慨"原来生病是和上学有关啊"。当然这个关联起初我也不知道，是他不上学就不得病之后，他妈妈总结出这个规律然后告诉我的。

孩子如有皮炎、头痛、惊恐发作、癫痫等情况，家长一定要谨慎评估上学对孩子的影响，坚持上学会不会造成不可挽回的后果。如果有这个可能，就要降低学业压力，休学这件事有可能也要提上议事日程，先保住孩子的健康，然后再说其他。

校园霸凌

校园霸凌分两个方面，一个是老师对学生的霸凌，另一个是同学之间的霸凌。

有些老师很吓人，我见过被老师吓过之后得抽动症的女孩；有些老师还有暴力倾向，有精神暴力的，也有躯体暴力的。如果家长觉得情况不对，没办法改变老师或者学校的话，那就为孩子办理转学、转班或休学。我咨询过的一个男孩家长说转学和转班不是一件容易的事儿，他选择让孩子暂时休学半年，然后孩子就不是原来那个老师教了，这也是办法之一。

如果涉及同学间的校园霸凌，有人对自己的孩子有攻击性，或者对所有孩子有攻击性的话，那么如果不能让那个有暴力倾向的孩子转学或者做出应有的改变，家长还是要选择为自己的孩子办理转学更好。当然我也见过被好多同学欺负的孩子，休学一段时间康复了，又回到原来的班级，适应得比较好。这种情况更多的是因为这个孩子所遭受的暴力有一部分是他自己激发出来的，他要承担一部分责任；另外，随着康复，他觉得自己已经更能应对了，创伤后应激障碍症状有所减轻。

如果一个学校从整体上看是不安全的，校园霸凌时常发生，那么为了孩子的安全，还是选择转学比较好。当然，我们在做决定之前，还是要整体评估一下，孩子自身是不是在某些方面需要调整，不然不管转到哪个学校、哪个班级，孩子都会被霸凌，这就不仅仅是其他人的问题了。

如果孩子伤害他人

如果孩子有伤害他人的可能性，老师和同学的态度也决定了孩子能不能上学，家长要考虑休学、转学，或者为孩子带陪读，管住他。

有一年，我咨询的一个青春期男孩，你不攻击他，他不会在身体上攻击你，但当别人招惹他时，他就特别容易激动，他的反应导致别的家长怀疑他到底能不能上学。其实，实际情况是有一个同学总是在言语上刺激他，比如对他说："你是不是有女朋友了？"这个男孩长得特别帅，但要是有人说他跟哪个女孩好之类的，他就会特别反感，觉得对方是在侮辱他。所以这个男孩最听不得这件事，别人一说他就激动，他就上去掐了对方的脖子。当时周围好多同学都吓坏了，也不知道他到底多用力，反正他做了掐对方脖子的动作之后，不光看到这一幕的同学吓到了，这些同学回去告诉自己的家长，家长们也都吓到了。周围看的人可能会觉得，人家刺激你只是口头上说说，而你反应这么大，会怀疑你是不是有什么问题，这时家长可能就会推动校方介入处理。这个男孩最终没有被退学，而是找了陪读，我们会在后面讲到陪读这个内容时再提到这件事。

我还遇到过一个男孩，他在北美地区上学，觉得老师不公平。小学大概四五年级时，他开始对公平这件事特别介意，老师可能有不公平的行为，也可能是老师不知道应该怎么对待他，或者是这个男孩本身提出的要求很奇怪。他有一回觉得老师不公平，上去就掐住了老师的脖子。在北美地区，虽然大家对自闭症的孩子比较友好，但家长如果想要带孩子找专业人士去看病并由相关专业人士最终得出自闭症的诊断是非常难的一件事。首先是排队很难排上，要等很久，结果这个男孩把老师脖子掐了以后，立马排上了队。所以北美地区在应对这样的问题时也没有多高明，根本不是大家想象得那么好。这个男孩所在的学校没有设立特殊班，本身也不是特殊学校，他们生活的地方有特殊学校，也有特殊学校里设立的特殊班，男孩被诊断为自闭症后迅速被转走了。

现在很多女孩家长特别担心自己的孩子被男孩霸凌。我咨询过一个男孩，他不是霸凌者，而是处在康复期的小孩，他很希望跟别人亲近，他跟妈妈亲近的方式，就是闻妈妈的头发。男孩上幼儿园中班，就去闻他们班一个特别漂亮的女孩的头发，女孩觉得她被骚扰了，"嗷嗷"叫、到处躲，弄得整个班鸡飞狗跳的。可是这个男孩真的没有什么恶意，他其实还挺可爱的，长得也挺好看的。我和他妈妈跟他说，你不能去闻人家的头发，就算想闻也得先问问人家行不行。他每次闻女孩头发之前，还自己跟自己说"不能去闻别人的头发"，但他忍不住，还是要去。那个女孩的家长也很有力量，每天去幼儿园园长办公室哭诉，我们家小孩被欺负了。这个男孩没有暴力行为，女孩厉害一点儿的话，可以跟这个男孩说"你不可以碰我，离我远一点儿"，把他推走，因为这个男孩本身没有暴力倾向，没有威胁性。

可是女孩不会按照我们所期待的最好的方式表现，人家也没有义务迁就男孩正处在康复期，所以幼儿园园长就陷入一个两难境地，问他换班还是转学,男孩都不愿意,他就要跟那个女孩一个班。最后,这个男孩还是转走了,换了一个班。这个幼儿园的机制还是不错的,最起码是男孩走了,该走的人走了。我认为如果两个小孩必须有一个小孩离开的话,那么那个看起来是欺负人的小孩应该离开。小男孩的妈妈感觉还挺受伤的,觉得自己的儿子也没什么大的问题。总体上我听起来,小男孩的恶意确实不大,而且没有暴力倾向,没有太大的风险,但他确实是处在一个类似于"霸凌别人"的状态,这个时候是要尊重女孩的感受的。后续我做的工作就是安抚那个男孩的妈妈接受现实。

多年前新闻曾报道过一个事件,一个四年级的男孩在班里打人、大声哭闹,甚至爬到窗口欲跳楼,该班全体学生拒绝上课,家长拉横幅抗议,最终这个男孩退学了。让全班同学去迁就一个有伤害性的孩子,这对于没有问题的孩子来说是不公平的,即使那个孩子能证明自己有问题,同时也有受教育的权利,别的孩子和家长也不能忍受或者承受本不该出现的暴力,别人家的孩子也有免于被伤害的权利,学校给每个孩子提供的都应该是安全的环境。

所以不管学习好不好,能不能学会相应的科学文化知识,这都不是最重要的,最重要的是养育三原则里不伤害别人这一条,如果违反了,就可能面对主动或被动的休学和退学。家长在养育孩子的过程中,应该尽早向孩子灌输这个理念,在觉得孩子有攻击他人的风险的情况下,先休学一段时间,把最危险的时期度过去,再上学,或者是带陪读管住孩子。

如果有一个对外攻击性强的孩子，尤其是在医生做出了相应的心理疾病诊断的情况下，家长会觉得自己已经很悲惨了，还要面对老师和其他家长的压力。这类家长自身在心理上特别容易受到创伤，因为他们觉得别人对自己的孩子的社会排斥充满了很强的攻击性和恶意。甚至觉得孩子不能上学是一个灾难，这种灾难化的想法也会导致家长做出对自身有伤害性的行为。

并不是孩子有攻击性，休学后攻击性就自动会消失。有暴力倾向的孩子，休学之后会把暴力攻击指向父母，这种暴力可能是身体上的，也可能是语言上的，有的时候是父母难以承受的。关于儿童的攻击性，将来我可能会专门写一本书展开说说。这就涉及为什么我们要做心理咨询，心理咨询师可能要帮助家长处理来自各方面的创伤，因为最终真正经受考验的不是孩子，而是家长。

浅谈攻击性

做儿童咨询就会知道，理论上，在正常情况下，儿童在小的时候，最好是在外边乖乖的，回家来"虐"父母(这就是家长经常抱怨的"孩子在家里横，在外面怂"，我觉得这才是聪明的小孩)，父母要能顶住孩子的攻击，这样其实对小朋友来说是最安全的。本来儿童就应该把攻击性先对内指向他最熟悉的人，来试探边界，对外没有太多攻击性，这样他就会相对安全。然后，随着孩子年龄增长，他会知道怎样对外攻击，攻击性该给谁就给谁，他有力量的时候能做出恰当的攻击，其实才健康。

但是实际上，在我们的文化里，成年人不敢把攻击该给谁就给谁，这本来是他作为成年人应该会的，或者是环境应该教给他的，但是没有。所以，作为成年人，他把压抑的攻击性甩给了家里人，而这是一个幼儿应该做的事情，成年人这么做的话，那就很幼稚了。儿童这样做是为了自保，但成年人应该要保护自己的家人，不能说你作为成年人为了自保，对外边人都特别好不敢争取属于自己的权益，只好回家"坑"自己家里人，这就搞反了。所以，有些父母在养孩子的时候，是向孩子发泄攻击性而不允许孩子向自己发泄攻击性，结果孩子就跑到学校发泄攻击性。这就乱了，我们必须纠正，让孩子有攻击性时尽量能在家表达出来，家长应该尽量"接住"孩子的攻击性。

有一位家长就说，她家小朋友怎么"虐"她，当然不涉及明显的身体暴力。家长说她下午陪玩的时候，四岁儿子明确说要妈妈帮忙，妈妈伸手刚碰到玩具，儿子就把妈妈的手打到一边，还伴随一声"嚎叫"，说要自己搭积木不让妈妈帮忙；等妈妈把手收回来，儿子又明确说要妈妈帮忙，妈妈还确认了一下，再伸手又是被打一遍伴随"嚎叫"，循环了三次之后，妈妈确认儿子就是故意的，妈妈就被激怒了。其实这就是孩子在发泄自己的攻击性，而且非常高级，基本上妈妈怎么做都会被孩子判定为是错的。这就是我们在家庭治疗里所说的双重束缚，制造精神病模型的交往模式，通常是父母攻击孩子，孩子的很多精神疾病都是父母用双重束缚养育模式造成的，而在这个例子中，是一个四岁的小朋友在反向攻击父母。我们干预的重点是让父母知道孩子正在释放攻击性，不是身体攻击的话还是比较欢迎的，但是父母要明白其中的逻辑，别被孩子搞出精神疾病。

所有心理问题的康复过程都会出现攻击性，甚至攻击性暴增，很多年龄很小的孩子都会打人，大点儿的孩子有些还能克制自己。当然攻击性暴增也不一定代表着康复，也可能是之前压抑的攻击性压不下去了，就爆发了。我曾经咨询过一个小男孩，咨询两三年后开始打人。他不打别人，只打父母，毫无预兆地"啪"地一下就打，家长都没有思想准备，就被打了。小男孩当时最喜欢吃冰棍，我就跟他父母说，如果他打了人的话，告诉他今天冰棍就不能吃了。小孩也挺精明，他就晚上吃完冰棍后，"啪"打父母一下。后来我们就重新规定，打人的话，今天和明天的冰棍不能吃。过了一段时间，他就不打了，他觉得吃冰棍更重要，就不打了。

还有一个小男孩，症状全部以攻击性为主，打小朋友，在幼儿园里手特别欠。他妈很绝望，跟我说他老打小朋友，他可能打得不太狠，别的家长也没有那么反感，也没让他退学，但是他父母特别担心，他妈妈来咨询的所有过程都是围绕暴力攻击的。我们就分析他对什么东西更在意，据说是玩 iPad。然后妈妈和儿子说他们的规定就是，如果他打了人，今天和明天的 iPad 就不要玩了。孩子当然对这个规定很生气，还是打人，而且打完人他还不藏着，每回会得意扬扬地回家说我又打人了，他妈说那今天和明天就不能玩 iPad 了，明天他接着告诉妈妈他打人了，他想干吗呢？就是告诉妈妈，你这规则没用。

他妈说这规则没用，我说他是挑衅你，你再坚持一两个月，看一看。因为他非常喜欢玩 iPad，他发现这么糊弄不了他妈妈，还会坚持一段时间。我们就按照打人，今、明两天不能玩 iPad 的规则，过一阵儿他也不打人了。他知道这个惩罚我们是真的在认真执行的，他那么爱玩 iPad，打人了不能玩 iPad 对他来说是亏的。

以上是打别人，我们要想各种办法去制止，别人没有义务承受你家孩子的暴力。如果孩子打父母，当然是年龄比较小的孩子，尤其是自控力比较弱的孩子，我会建议父母，要让孩子出气，表达攻击，可以跟孩子说"不能真的打，你可以轻一点儿，在哪个范围内可以打，打之前也要告诉我，比如你特别生气的时候，你就说我要打了"，然后父母就把手心给他，让他打两下，实际上因为反作用力，打完人他自己更疼。告诉他脸是不能打的，胸口这个位置不能打，比如说胳膊哪个位置可以打两下，等等。

有个小孩掐他爸爸胳膊，爸爸说把他掐得胳膊全都是青青紫紫的，我说你就忍忍，每次喊"疼啊、疼啊、轻点儿"，还得跟他说，这事儿只能在爸爸身上玩儿，可不能在别人身上玩儿。家长是要跟孩子去谈的，孩子其实是明白道理的，家长要限制孩子攻击性的强度和范围。所有小朋友其实都有攻击性，年龄小的孩子很好限制，大了就不是特别好限制。也就是说，养育三原则应该尽早建立。所以我不太爱接的咨询是年龄比较大的孩子，我最不爱接的一类孩子就是，男孩子小的时候被家暴过，他们在青春期的时候会有特别强的暴力倾向，挡都挡不住，有的青春期的孩子说他不打人，但是上课的时候如果生气，能站起来抢起凳子往地上砸，把凳子砸得稀巴烂。我也见过男孩子说要拿刀把他爸爸砍了的，他爸爸让我看他被砍的伤口。假如这样的孩子没处发泄攻击性，很可能就会变成自残、自伤，也很可怕。所以我特别反对家暴，家暴过后你都不知道会发生什么。如果早年没养好小孩，他很可能在青春期出现各种问题。

孩子如果到青春期顶嘴，和父母有些冲突，其实没什么太大的事情，这是正常的反叛期。可如果叠加幼年的创伤，就变得非常难处理。为什么很多孩子小的时候父母不去做心理咨询？因为孩子小的时候家长还能"处理"，就是父母还能打得过孩子。小孩也一般表现得不像心理问题，大部分可能都是心理问题躯体化，孩子表达不出来，就是头疼、肚子疼，哪儿哪儿都不舒服。有些孩子以这样的症状"逃学"，医生看不出来他有什么病，实际上就是紧张。上课的紧张会导致很多的问题，包括皮肤病，都可能跟这种紧张有关系。到了青春期，大部分的症状就不是躯体化的症状，更可能是抑郁、焦虑、社交恐惧，我碰到的第一个休学的孩子就是青春期社交恐惧的男生，小的时候父母关系不好，他和父母的依恋关系都不好，到青春期他基本上也没有对外的攻击性，更多的是害怕，怕上课出错、出丑，最后不能上课而休学，这种属于攻击性内指。这种攻击性不指向外，没有太多外显攻击性的，父母和老师都容易忽视。而外指的攻击性，很多父母、老师都会恐惧。有中学学校心理咨询师和我说过，他们学校有暴力倾向的一个男孩子，所有老师和同学都怕他，没人敢管他，他的家长也管不了他，就放任了，大家都盼着他赶紧毕业，感觉他随时都会暴力伤人，超出了我们所认为的青少年常态的攻击性。

利用升学期改变之前的刻板印象

有些孩子懒散、看起来有些笨、人际模式有问题等，一旦在班级中形成刻板印象就很难改变，那么转学、升学才有可能改变这一点。如果不转学，那么我们只有等待，等待上初中、高中，周围同学不一样了，情况会有所好转。

有一个小朋友，来咨询的时候四五年级，没有休学，但上学挺困难的，老师说这个孩子有各种各样的问题，比如上课捣乱，老师一转过去写字，他就拉同学说话。他爸发现他经常和几个有问题的小朋友在一起，因为他是问题最大的小朋友，有人带他玩儿就不错了。经常一起玩的是三个人，他是里面看起来脑子最不灵的。2002年左右，另外两个小朋友带他去要拆迁的旧楼，楼里已经没有人住了，三个人就进去放火要把楼给点了，警察把他们三个人都给抓了。另外两个人坚称是这个小男孩弄的，可是他是三个人中最弱的一个，我也不知道他是为了朋友，还是他根本说不清楚，就承担了主要的责任。他爸说他带着孩子已经在整个市里把该看的、能看的咨询师都看了一遍了，也没见什么好转。

从这个例子中，他的上学困难，在我看来人际的困难才是关键。这个孩子的爸爸妈妈都不太会带孩子，所以孩子有很多人际方面的问题。男孩特别希望有小朋友带他玩儿，但别的小朋友都很烦他，因为他看上去木木的、呆呆的。

小朋友：我上课的时候会捣乱。

咨询师：你上课为什么要捣乱？

小朋友：上课的时候，老师转过去写字，我就拉同学问下课上哪儿玩，老师一转身就会批评我。

咨询师：为什么要在这个时候问？

小朋友：他们都不带我玩儿，我只有上课的时候问，他们害怕老师，才会告诉我上哪儿玩。

可以看到，他对人际的需求有多强，已经完全无视纪律了，哪怕破坏纪律，只要有人带他玩儿就行。这是一个很危险的状况，好多类似的困难，家长其实察觉不到。

除了人际，这个孩子的学习也有问题。他看起来木木的、呆呆的，我刚开始还以为智力方面有障碍，其实没有。他看着反应很慢、懒懒的，原先我以为是笨，后来我觉得有可能这种懒的感觉的背后

02. 休学或转换学习环境

就是抑郁。

家长来的时候，首先想的是什么呢？是学习，怎么能把学习成绩搞上去。我说这根本跟学习没什么关系，学习好不好目前已经不重要了，先把人际关系搞好。当然人际关系好不好是跟父母有关系的，孩子早年和父母依恋关系好，才能迁移到小朋友之间去。在这个案例里，小朋友早年的时候，外公一直生病，妈妈一直照顾外公，没有好好照顾过他，所以小朋友的依恋关系存在特别严重的问题。

好在家长对咨询的配合度很高，随着咨询的开展，爸爸妈妈都在慢慢改好，小朋友也在慢慢变好，亲子依恋关系大幅提高。但是小朋友在学校人际关系变好的过程并不明显，因为同学们都形成了固有印象，他就是这么一个奇怪的人，有什么办法呢？没有办法，直到上了初中，出现转机。

初中换了一批同学，大部分他都不认识。他说他特别喜欢初中那些同学，他每天早早地就上学校，站在门口对所有人行一遍注目礼。他还打篮球、踢足球。他学习不好，都不用请家教，一起踢足球的有个小伙伴跟他说"你不会的找我就行"，朋友也有了，连免费的家教都有了。

我们能看到，这其实是一个连续的过程，你看他上学很困难，有各种各样的问题，但是回过头来看，这个案例特别明显是一个亲密关系的问题。另外，还涉及长期形成的刻板印象，所有人都认同他是个问题孩子，想修复同学的印象并不容易，有时候转学或升学可能成为转机。

当然，转学或升学并不总是转机，也可能继续不好，前面我们举的那个例子，孩子已经康复到了正常水平，但是同班同学并没有发现，还保持着原来的印象，而升学后他表现正常，同学都是新的，没人知道他的过去，没人觉得他有问题，就解脱了。可是有的孩子问题本来就存在，而且一直存在，换个班，他们的问题还是会让新班级的人形成和之前一样的刻板印象，如果糟糕的状况还在，再加上脱离了原来班级他好不容易建立的仅有的人际关系，换了班可能问题更大。所以，孩子和家长还是要综合评估，需要去厘清，哪些问题是他的，哪些问题是别人的。孩子没有好转之前，原有的刻板印象会一直存在，而即使改变之后，冲淡这个刻板印象也需要时间。如果真的改好了，那就等待类似于升学之类的契机，摆脱过去的某些阴影。

当然涉及休学以及转换班级的情况可能更多，这里我不想再穷尽所有情况了，这个章节就这样先收尾了。尤其说到休学，对于家长来说感觉真的是要有"壮士断腕"的勇气，而且还要有智慧进行综合判断，毕竟孩子必须上学已经是深入人心的执念，而休学这种看起来逆潮流的事，对于家长和孩子来说都是艰难的抉择。再加上还要面临未来的很多不可控情况，家长要承受的压力是非常大的，甚至对家长来说，孩子不能上学了是对家长的一个重大的心理创伤，家长也需要各方面的心理支持和抚慰。

以什么姿态上学

明确目标状态

家长要尽力减少孩子的压力,目标状态是让孩子能够在学校安全、高兴地待着。多年前,北京的一所重点中学邀请我给学生家长做讲座,时间正好是期中考试结束、公布成绩,然后开家长会。我先给家长讲:"你看着孩子成绩的时候,肯定会跟周围的家长对比。假设你的孩子成绩没那么好,你如坐针毡,可是你要知道你只坐在这儿两个小时,而你的孩子要在这个学校坐好几年。你只想到了你不舒服的地方,你也要知道其实孩子也一直处在不舒服的状态。你该去理解他,而不是威逼他,因为你的体验孩子都有。"

后来我又去这个中学做了一次讲座,换了一个年级。我问一个

上学困难，怎么办？

副校长上次讲座反响如何？她跟我说上次讲座反响很好。我说家长给反馈了？她说："没有！但这么多年，我们开完家长会，第一回很平静。"以前开完家长会都会鸡飞狗跳的，家长不满意，回家和孩子打来打去的，家长群里也乱作一团，同学群里可能也不好。那回我做完讲座以后，家长好了很多。这个校长说的"很平静"，就是好。我也不知道以前不平静到什么程度，只要开个家长会就鸡飞狗跳吗？所以家长要明白孩子实际上是处在什么状态的。

家长在孩子出了某些问题到真正休学之间可能有很多动作，但是很多家长的做法都是错的。孩子已经有出问题的迹象时，要做的不是鼓励他，不是要按时完成作业，而是"作业爱做就做，差不多就行。学你愿意上就上，不愿意上就少上点儿，上一半也行，只要去学校溜达一圈就行了"。家长放松一点儿，可能事情就不会那么糟。但很多时候家长是"你越出问题，作业落下的越多，你越要补上"，努力让小孩学习，恨不得孩子一天所有的时间都在努力，这样反而会让事情变得更糟糕。

另外，很多家长是害怕老师的，让家长去跟老师谈一下，说"我们作业可以不做"或者"我们作业只交一半"，家长面对老师能说得出来吗？怎么跟老师谈？很多家长都不会跟老师谈，说"我们每周有一个下午要去做心理咨询"，这对家长来说特别困难。家长觉得面对老师还不如逼孩子去完成所有的事情，那样就不用面对老师了。这才是问题的关键！实际上，老师如果能从家长那里知道孩子发生了什么的话，在孩子状态不好的时候，就能提供一定的休整空间，或许事情也不会那么糟糕。

老师和学校也会有定势，他们不知道该怎么处理问题儿童。我几年前给中学老师做过辅导，有老师问我，学生上课睡觉不听讲，用把他叫起来吗？或者他不好好听讲要提醒他吗？老师很困惑，如果不管，家长和学校可能也不愿意，老师内心也有标准，觉得严格要求学生才是自己的职责所在。我建议老师先了解一下孩子的情况和家庭背景再决定是否要提醒孩子，如果孩子特别困，叫他起来也没什么效果。当然，老师要和家长谈，也要小心，会不会让家长觉得自己是在告状，是否会出现新闻报道过的有个老师找家长谈，家长在学校打了孩子一耳光，这个孩子就跳楼了。

总之，家长、老师和学校要沟通，最好能给孩子一个宽容的修复时间和空间。

上特殊学校还是普通学校

在我看来普通学校好一些，但是这要分情况。在孩子有问题的情况下，比如我接触到的年龄比较小的孩子中自闭症居多，到底如何决定是上特殊学校还是普通学校？融合教育的推行，令自闭症儿童也可以上普通学校，家长和老师最容易出问题的点是，他们希望小孩上了普通学校能跟上进度，能够跟其他小朋友表现得差不多。家长有个执念，就是孩子学习好就不会被欺负、被歧视了，而孩子都会被家长"洗脑"，觉得学习好可以解决一切问题。家长逼迫孩子

上学困难，怎么办？

上课注意听讲，遵守纪律，学业跟上，也会裹挟老师这么做。当然也可能是反过来，老师有执念，上学就得按部就班，学业要跟上，在老师心里，好老师的标准就是负责任地推动孩子，而不是放任自流，甚至将成绩作为老师的考核标准。在特殊的孩子没办法跟上同龄孩子的情况下，要求这样的孩子满足家长和老师的期待本来就是奢求，原本就有问题的孩子，因为家长和老师不切实际的期待，他们的问题有可能会被放大。

在我看来特殊儿童进普通学校，跟不跟得上都没关系，只要孩子喜欢上学就好，在学校里没什么风险，不会真的被欺负，小朋友进学校就是去观摩。针对低龄儿童上学困难的问题，我主要工作的人群是自闭症儿童的父母，偶尔也会有多动症，这些孩子上学能部分完成学校的功课就好了，最终没有太多的情绪，能在学校里待住，我们就算赢。我也看过一期讲患阅读障碍的孩子上学困难的节目。我看完这个纪录片之后，觉得家长和老师还是对孩子要求太高了，孩子努力完成作业的过程基本上是加重他们心理创伤的过程。在他们暂时学不会的情况下，不是让他们反复去做，而是等待、放松，允许他们有段时间可以不用都完成，部分完成也可以。

无论是特殊学校还是普通学校都不愿意接收有暴力问题和情绪问题的孩子，但是如果学校的考核标准，是按照学业成绩来考核老师的话，那么学业有问题的孩子，老师也会排斥。如果在养育孩子的过程中，父母注重养育三原则，孩子不会伤害自己，不会伤害别人，不会破坏贵重的财物，其实对他人的不良影响就比较小，学校在接受这类孩子上就没有太多的困难，只要考核标准不那么在乎孩子的学业成绩就好。

那么，上普通学校要解决的问题就是怎么说服老师和家长，当然也涉及政策或者规则，比如不全天上课，上一半或三分之一，允许孩子缓慢进步。孩子能在普通学校上学，在某些方面是一件更有利于孩子的事，比上特殊学校要好，毕竟可以和普通孩子玩在一起，有个好的参照系，会有更好的带动作用。

在北京，我听说有些幼儿园开始愿意接收类似有自闭症诊断的特殊孩子。据说幼儿园如果能接收一个这样的孩子，在政策上会有一定的拨款支持，所以有些幼儿园领导主动地想接收，但老师不一定愿意，因为拨款未必发给老师。在这方面我们要有很多的考虑，比如费用、时间、老师怎么看待、学校怎么管理。家长要给学校做一些解释，选择哪些课上，其他时间去做心理咨询，或是做一些训练，或是回家休息。

怎样上一部分课程

一般情况下，刚上学就上一部分课程的，是那些有问题的幼儿，父母要提前和老师商量。另外还有一个人群，一些孩子原来发展正常，后续出现严重心理问题，比如抑郁、网络成瘾之类的大龄的儿童和青少年，他们出了问题之后，有可能也需要家长去和老师谈。这种时候，家长和学校更难接受——凭什么孩子原来课都能上，现在忽然就不能上全部的课程，原来都能完成的作业，现在完不成了。还有一些孩子休学一段时间之后，重新回学校上课，最开始也得上一部分的课，他们在精力上不能负担全部的课程，这也需要家长和老师、学校商量。

上学不是必须全上，不必正正规规地上，完全可以上花班。上花班就是课不全上，只上一部分，比如一天只上三节课，或只上美术课、体育课。有问题的小朋友，就得按照有问题的小朋友的风格来计划到底上多少学。我们不能对孩子说："所有人都上一天，为什么你就不能。"问题是他是一个特殊的孩子，我们讲的就是特殊孩子，既然他特殊，我们就按照对他最好的方式去处理。至于具体上多少，上一天、上半天，还是上20分钟的课，需要家长和老师慢慢去摸索。

有一个我曾经咨询过的自闭症的小朋友，在正规学校上花班课，他是带陪读的，他最开始只能忍受一天20分钟，那么就20分钟，一个学期之后慢慢好转，一天能上一节或两节课，最后到小学四年级所有课都能上。最初他会离开座位乱走，喉咙里不自觉地哼哼(像是抽动秽语，但没有诊断)。他的乱走和哼哼非常影响课堂秩序，所以我们选择课程时，基本上会选不影响别人的课程，比如美术课、音乐课、体育课或劳动技能课等，上课的时候哼哼两下也没人介意。不要上语文和数学这种课，因为上这种课时，孩子在课堂的表现影响到其他人学习的话，别的孩子和家长会有意见。老师也会紧张，担心其他家长有意见给老师施压，不愿意有个特殊的儿童在这个班级中。我们的目标就是能在学校待住，能有个普通儿童的参照系就好。我和家长开玩笑似的说,我们就是看戏的,去看就行,人家给我们机会看我们就很感激了,其他人都是演戏的,我们能力不够不参与演戏,能看戏就行。

我跟很多家长都有过如下对话——

家　　长：我们家小孩上课乱闹。

咨询师：让孩子少上那些大家介意你上课乱闹的课,语文、数学别上了。

家　　长：那不行,我们家孩子就数学好,还不让他表现一下?

咨询师：你表现完了,所有同学都不高兴,人家家长就把你撵出去了。

家　　长：我孩子有自闭症,我们就数学好还不能有展示的机会?

咨询师：就算你有自闭症,你也不能干扰课堂对不对?干扰了课堂,是要付出代价的。如果不干扰课堂,你说你有点儿问题,多上点儿课或少上点儿课,同学们不会太介意的。

如果不干扰大家都非常在意的课堂,多上课、少上课,同学们不会太介意的,甚至还有可能会羡慕你。我咨询过一个小男孩,当年办理了随班就读,他的成绩不列入班级成绩,他只上部分课程,不参加考试,最开始也不用做作业,别的小朋友都羡慕他,都和他说"我也想像你这样,开个证明我也不用上课了"。他没有干扰过别人，整体被接纳的程度其实是高的。

还有一个小女孩，小学一年级来咨询，小孩状态不是特别好，以抽动秽语来诊，上小学的时候没有什么朋友，她第一次来诊的时候，我当时不知道说错了什么，她就冲着我大吼了一通，声称要杀我。这个小孩在学校里觉得自己被欺负了，所以她对我表达了极强的攻击性。

她自从来咨询室口头上动不动就说杀我之后，就不抽动了，攻击性发泄出来了，就不抽了。我曾经向她妈妈建议过小朋友状态不好就上半天学。之后没多久就停止咨询了，当时我不知道他们是否听了我的建议。后来上高中的时候孩子又回来找我做了一两次咨询，她到高中的时候开始反省早年的事情，她觉得自己就不应该上幼儿园，她老是觉得幼儿园所有的小朋友都在欺负她，其实有可能不是。她上小学、中学的时候，别人是不是欺负她也难说，因为别人给她起外号，叫她外号，她就会非常的激动，觉得别人欺负她了。可是她越激动，别人就越刺激她，因为别的小朋友觉得这很好玩。

她妈妈是她学校的老师，还帮忙去跟那些小朋友谈，但是那些小朋友也控制不住，有一个可欺负的人，多有意思啊，其他小朋友还会去招她，她就总是出状况。但是她自己也说了，她妈妈有一个做得特别好的地方，她小的时候正常上学，咨询以后，我跟她妈妈说，如果不行的话就上半天学吧，后来很长的时间，她都是上一半的学。她妈妈工作的中学是个一般高中，她是老师的孩子，正常情况下应该跟着上她妈妈所在的中学的初中部，但是高中还是要正常考，她在这么有一搭没一搭上学的情况下，考进了她妈妈工作的高中，可能因为她妈妈是老师，降了几分录取，但也算正常录取了。她没有休学，只上部分课程，这对她影响不是很大，如果让她全天都上学，很可能她在更早的时候就崩溃了，别说上高中了，可能初中都念不下来，因为上学让她太紧张了。

这个小女孩四年级的时候还不是上半天学，她爸爸的工作单位离她学校特别近，每天中午接她回家吃饭，她收拾东西的时间特别长，她爸等得很着急，说："你为什么不能快点儿？"她很生气，但是又辩不过她爸爸，就跟她妈说"约一次心理咨询，让易老师教育他"。她来咨询就是想让我说服他爸，我真的说服了她爸爸："慢就慢，这也不是什么大事儿，也没发生什么灾难性的事件，你跟她冲突什么，没事儿。""慢"这件事，又不违反养育三原则，不是大事儿，她爸爸纠缠这个事儿没有用处，还损害亲子关系。

我前面讲过的那个自闭症小朋友从一天只能上20分钟课开始，然后慢慢加，到小学四年级的时候能上全天。他带陪读，比同班同学大差不多4岁，这个过程看起来恢复得比较好，但是其中还是隐藏着危机。当我们让这个小朋友坐在课堂里，慢慢地他能坐住，虽然他不用考试也不用写作业，但随着他康复，我们的要求也相应提高，开始让他做作业，遵守班级规范，在各种压力之下他开始出现不良行为。这是很多年前的案例，后来这个孩子还是辍学了。如果今天我们复盘这个案例的话，那么在他能上全天课的情况下，也应该减少课程量，也许应该一直上半天课，甚至上更少的课，其他时间带他出去玩，以消解他在学校感觉到的压力，他已经出现的不良行为，预示着他的不适应，我们应该尊重他发出的信号，或许他压力很小一直混迹于学校才是我们追求的目标，而不是看起来和普通孩子表现一样，让所有人看着安心才符合大众的内心标准。

大龄的孩子也一样会面对上多少课程的问题。有个网络成瘾休学三年多的青少年，重新回学校，换了一所私立学校，学校要求住校、全天上课。可是他在课堂上根本坐不住，而且也不能和同学待在一个宿舍里。家长就要和学校谈，不住校、少上课，他从最开始一周要逃两到三天的课，到最后，一个学期下来基本上所有课都能上，能情绪稳定地坐在教室里，但就是听不懂。如果我们一开始就让他上所有的课，那么他可能就会休学，他在心理上根本承受不了上那么多的课。后来这个孩子恢复得很好的时候，自己主动要求补课，找私教，而且要求强度很大，我和他的家长都劝阻，我们期待他平稳度过，欲速则不达。

关于上学，涉及非常多的取舍问题，在孩子最初表现不好的时候，我们被迫舍弃很多，可是当孩子变好的时候，从孩子到老师，再到家长，都憋着一股劲儿想要把落下的补上，甚至想快点"翻盘"。无论是谁，如果太有得失心，都可能适得其反，对于比较弱的儿童，我们要等一等，再等一等，我们已经在康复的轨道上了，急于求成会破坏我们缓慢获得的安全与适应。

我经常给我们的咨询师讲，大家都知道康复的目标，咨询师知道，老师知道，家长知道，孩子也知道，而提前知道到达目标可能经历的过程才是我们最宝贵的经验。越有水平的咨询师越可以预见孩子在康复的过程中会发生什么，能够给家长和老师提供预警和建议，使得最终达到那个目标，或者知道目标达不到，要安抚家长和老师以确认哪些是我们必须面对的结果，即使这个结果是我们想要否认的、不愿意面对的。

作业做到什么程度

如果孩子有问题，那么能不能完成作业，以及作业能否做得快、做得好还重要吗？真的不重要了。可是家长和老师都希望孩子能把作业做好，这样就代表孩子没问题了，家长就可以掩耳盗铃，觉得不需要面对问题了，即孩子最大的问题是完不成作业这个表面现象，那么只要催着孩子完成作业，就等于解决了孩子的问题。但是对作业怎么完成这个问题的纠缠，反而会给孩子带来巨大伤害。实际上，作业可以减量或不做，做作业要求快而不求完美，这些都是可以做出妥协的。

对作业问题的纠缠会给孩子带来伤害

一个小朋友有阅读障碍，我认为阅读障碍有可能是创伤后应激障碍的一种表现。小朋友受到创伤后，父母可能没有察觉，但是这种心理创伤会影响大脑，让孩子看字都不是一行一行、一个一个的，而是混乱的一团。孩子看不出来每个字是什么，在视觉加工的时候有问题，因此可能就完不成作业，看书、写作业通通成了问题。孩子父母可能的做法是不停地在这个地方纠缠，让孩子写完作业，甚至寻找各种干预方式解决这个问题，而不是停下来给孩子一个喘息之机。我觉得像这种情况，家长必须明白，他们这么纠缠、这么执着于完成作业，其实效果并不理想。我建议应该采取的策略是，孩子能听懂多少就听多少，能会多少就会多少，只要他愿意上学就行了。而家长孜孜不倦地帮助孩子参与各种训练，陪伴、监督孩子必须写完作业，只会让孩子的心理问题被放大，衍生更多的心理问题，而孩子并不会真的做出积极的改变。在可以预见到的很长一段时间里，孩子的阅读问题都存在，父母的这种焦虑和试图解决问题的做法，也会损害父母自身的健康。

据说有的家长因为孩子的作业问题都生病了，那还是正常儿童的父母，就算是正常儿童，父母也可以放孩子一马、放自己一马。跟小朋友纠缠写作业的事情，如果发现无效，那就停一停、等一等吧，这个时候应该降低孩子的作业量。针对自闭症、多动症、抽动秽语、阅读障碍的孩子，我建议父母应该在一段时间内降低对孩子作业的要求，把孩子的作业量降到足够低，以不影响孩子情绪、不要让孩子对上学产生恐惧为准。可是家长一般不会这么想，尤其是阅读障碍孩子的家长，他们认为你不会阅读是因为读少了，就逼着孩子读更多的东西，笨鸟先飞。但这对孩子来说是极具破坏性的，你的孩子是特殊儿童，就要按照特殊情况处理。如果孩子看不清字，是否可以把文本用软件转变成有声读物读出来，另外盲人软件也能读文字，换一种方法读也是一样的，孩子只要能学到知识就行了。家长不要在孩子最有问题的地方过多纠缠，正面应对问题有可能加深孩子对问题的恐惧，这可能不是解决问题，而是无限放大问题。就好像家庭治疗师萨提亚所说的：问题本身不是问题，解决问题的方式才是问题。

还有，孩子的字写得好不好也是家长特别介意的一点。有些小孩握笔的姿势不好，尤其是一些自闭症的孩子表现最明显。我也见过一个多动症的孩子，字写得确实不太好，他妈妈陪着他在我们的咨询室里写作业，可能孩子的手控制不好，手眼协调也不到位，字应该写在格子里，但格子可能在他看来很小，他就写不进去，字总是从格子里露出来一部分，家长就会觉得他写得不好。有的时候写算式也是，字写得很大、很难看，就要用橡皮擦掉，擦的过程弄得纸黑黑的，或者蹭破纸了，家长觉得那张纸丑丑的，也会表现出很不满意，一些家长甚至会撕了这张纸。要知道，小朋友能写这么一页字多难啊！家长或者老师把他写的那页撕了，有的还不光是把那页撕了，甚至把整本都撕了。我觉得这太可怕了，那是小朋友的辛苦劳动。最后，有些小孩就不停地在那儿擦擦写写，力求写得完美，耗费了大量的时间。对于这种格子太小，字写得比较大，字写不到格子里的孩子，我建议家长自己打印田字格本，田字格打印得大一些，确保孩子能把字写在格子里。我在北京大学教书，看到大学生的期末考试卷子，字写得从最好到最差的都有，有些学生的字写得非常难看，那又怎样，照样上北大。在小朋友字写得不好的时候，打击、纠正他没有用，字写得好或坏不影响考试、上大学，家长真的不用在字写得好不好这件事上这么纠结。如果在古代，也许字写得好不好很重要，这方面的权重很高，但是在现代社会，都用电脑打字了，最多好好练练签名就能混得过去了。

还有些小孩，别人怎么教他都学不会，只能告诉他答案，他会抄上去。孩子不一定真的是智力有问题，具体是否有问题要去测一下智商。如果智力没问题的话，那么有可能孩子正处于解离状态，心不在焉，有可能是他觉得任务太恐怖了超出了自己的应对能力。孩子太紧张了，所以你教他的时候，他可能满脑子都是空白的。对这样的小孩，那就不要用力过猛，不用非得给他讲明白，会什么就写什么，或者大体上就让他抄，直接把答案告诉他，让他抄写，其实挺好的，如果口述他看起来没反应，那就把所有做题步骤都写好，让他抄，在形式上写完作业也行，但是要提前和他说好，他要接受考试成绩不好的结果，父母也要接受孩子成绩不好的事实。

有的家长会送孩子去作业托管班，不管托管班是怎么让孩子做完作业的，总之作业做完了，家长心里就舒服了，家长就好像吃了一剂药。但是家长必须小心，这种作业托管或者找家教，小朋友心理可能会更创伤，尤其是对年龄很小的孩子，青少年还能反抗一下。家长把孩子交到其他人手里，在家长这里都完不成的作业，凭什么在别的地方就能好好地完成？完成作业的背后很可能有潜在的"虐待"，父母在孩子做作业的时候都可能发火，其他人又有什么诀窍能完成这个看起来不可能完成的任务？在孩子完不成作业的情况下还要完成，要么是父母施虐让他完成，要么是依靠别人之手虐待他。家长要接受，孩子可能就是完不成作业。警惕在作业背后可能发生的各种虐待现象，避免对孩子造成更大的心理伤害。

当小孩处在解离状态，或很紧张的时候，他就是完不成作业的。如果家长处理得不好，不断地去逼孩子，又要对、又要快，后果可能就是休学。一个上初一的孩子，作业天天写到晚上十一点都做不完，班上别的同学都欺负他，他一直赖着妈妈不想上学。在这样的情况下，家长就不应该重视学习了，应该先考察自己的孩子的生存环境是不是安全的。如果一个上初中的孩子退行到年龄很小的状态，赖着自己的妈妈，那么这个孩子已经感到了极度的不安全，父母可能要先解决孩子不安全的问题，作业是最不起眼的小事，重要的是孩子还能不能上学。家长的执念是解决了作业的问题，其他孩子就不会欺负自己的孩子了，可事实是家长执着于逼迫孩子，孩子完不成作业就会更退缩，这种退缩也会变成下意识地"邀请"其他孩子欺负他。

写不完作业，孩子可能最后会面对休学，甚至是最糟糕的结果——自杀。我们偶尔会看到这样的新闻报道，小朋友因为写不完作业自杀了。孩子以为自杀是解决问题的方法，他们做不完作业，无法面对家长，无法面对老师，面对父母和老师对孩子来说都是非常恐怖的事情。一些做不完作业的孩子既不敢告诉老师，也不敢告诉家长，可能在他看来选择自杀最简单，在网上我们可以找到很多这样的案例。

对于家长和老师来说，一定要重视这一点，作业做不完并不意味着天塌下来了，没必要灾难化这件事，但是逼着孩子写完作业，让孩子无处可逃，就可能发生恶性事件，到那个时候就追悔莫及了。遗憾的是，在没有发生恶性事件的时候，大家都觉得没事，即使在别人身上发生了恶性事件，由于幸存者偏差，家长总觉得这种事情不会发生在自己孩子身上。也有些家庭经历了孩子休学，等到孩子能上学了，孩子和家长在某个时刻又恢复到之前的状态，好了伤疤忘了疼。

2008年汶川地震时，好多孩子在地震中死亡，有家长说早知如此，纠结学不学有什么用呢？活着就是好。很多家长在孩子有问题的时候尚可接受，认可最重要的事是孩子活着，但孩子一旦好了一点儿，家长就会忘掉这个事情，又开始严格要求孩子上学要表现好、作业要做得好。当年，我听一个成年人讲，他小时候有哮喘，家长就优先治病，这个病如果发展下去会窒息甚至死亡，他发病的那几天就不写作业，等他治好了，就得连续三天把他生病三四天落下的功课一起补上来，生病对他来说变成了双重惩罚。

作业可以减量

如果孩子做作业写到晚上11点、12点也完成不了的话，我建议家长别让孩子写了。很多家长也同意，然后会和孩子说：“你写不完，那你明天上学就告诉老师一声，爸爸妈妈说不用你完成了。”这种话爸爸妈妈能让小孩去和老师说吗？那不是等于让孩子正面跟老师对抗。这个事情是家长要和老师私下里商量出一个基本原则，然后把这个原则告诉小朋友，比如做三分之一的作业就行了。如果家长不愿意面对老师，那家长可以帮孩子把题都做完，让孩子抄一遍，迅速解决。或者找其他同学，请他们把作业做完拍个照发过来，让孩子快快抄一遍也行。

那些不愿意正面面对老师，让孩子自己和老师说的家长，骨子里就是怕老师的，也可能真的和老师谈不明白。老师有可能会固守他们自己的教育模式，认为自己就是对的，家长的要求就是过分的，那家长就采取别的策略好了。我在网上曾经看到有一个家长说，从孩子小的时候他就替儿子写一半作业，他觉得作业写那么多没用，老是那么重复地写，孩子也无聊，还占用很多时间。他说他也不敢面对老师，就从小帮孩子写。他儿子是整个班级里少有的不戴眼镜的，后来一样考上大学了，他是在儿子考上大学之后才在网上分享的经验。换句话说，那时小朋友写一半的作业其实是够用的，或者可以更少。学校留的很多作业都可能是在让孩子做无用功，甚至可能是在恐惧下做的无用功。

一方面是家长怎么去看作业这件事情，另一方面是老师怎么去看这件事。事实上很多老师在留作业的时候多多少少有点儿竞争的味道，也有点儿"施虐"的味道，每门课的老师比拼留作业，每个老师都留，还留那么多，希望孩子都能完成。而且老师留作业的量有可能是按照最优秀的孩子的要求来布置的，可能50%的孩子，甚至更多的孩子是完不成作业的，但是所有的家长又认为这个是必须完成的。留作业这件事也是个"内卷"的过程，现在我们从国家层面上开始重视素质教育，尤其是近期"双减"政策落地，作业量减少，对孩子来说是好消息。但是我们也不能高兴得太早，毕竟高中只有一半学生可以考上，还有考大学，"双减"背后也会有隐秘的竞争，从而可能导致孩子学业"内卷"被提前了，很多心理问题也会比以前更早出现。以前是考不上大学，在那前后出问题，现在50%的孩子不能上高中，心理问题可能会因此提前三年，在高中前后出现。

现在由于"双减"，作业在减少，但是老师也会有个惯性的问题，因为老师过去几十年一直留很多作业，在老师这个群体里会留下刻板印象，觉得这么留作业是有用的，实际上可能没有那么大的用处。在古时候，所有的学生都摇头晃脑地念古诗、背诵古文。在古时候这样学是有一定意义的，背诵就像唱歌似的，因为那个时候没有拼音。像英语这种拼音文字和读音很容易对上号，看起来更好学，而中文是一种象形文字，字形和读音没关系，所以古时候的学生背诵的目的，是让背诵的文字和书上的字一一对应，不然就很难学会。这曾经是象形文字发展的困境之一，在拼音和笔画字典出现之前，全靠老师一个字、一个字地教，学生要一个字、一个字地背诵默写。还有一个原因，古时候必须按照老师教你的方式去念，因为那时没有标点符号，根本不知道断句断在哪里，因此才有五言绝句、七言绝句、词牌，这些代表了断句方式，而有些文章没有这些规律，那就靠师徒式的传承。所以从古至今，沿袭下来的这种教与学的模式，非常强调背诵，其实都跟我们的象形文字以及没有标点符号有关。象形文字不像拼音文字，26个字母拼在一起能按照基本规律读出来就知道是什么字了，但是古代没有拼音，文字只能靠死记硬背，不是26个字母这么简单的，可能是几千个字都要背下来而且会写，繁体字笔画又多，所以也就有了"好记性不如烂笔头""多写几遍就记住了"的说法。

我们的文化，导致长久以来人们觉得背诵这件事情特别重要，但事实上背诵并没有我们想象得那么重要。比如背诵唐诗三百首，这种属于机械性记忆，从心理学记忆的发展来看，幼儿才是机械式记忆，随着儿童成熟的过程，到成年，记忆会慢慢转变为理解式记忆，记的东西不应该是原封不动的，不应该是照相式的记忆。但是我们却对原封不动的记忆有着莫名其妙的偏爱，觉得能背下来多少诗歌、能背圆周率后多少位特别重要，但事实上它并没有那么重要。因为传统的背诵的惯性存在于我们的集体无意识中，所以很多人都会特别地看重这种机械式的记忆。事实上，在幼儿期用硬盘式记忆把儿童的头脑填满，有可能会挤占儿童的创造性思维。

我们必须知道，时代在发展，我们并没有必要停留在过去的时代里，大量的背诵和反复的书写练习没有那么重要了，我们有标点、拼音和字典，看电视有字幕，有些小孩是通过电视里人物说话和字幕一一对应学会认字的，学习不必像古人那样，不要让过去的历史变成我们现代的创伤。

做作业求快而不求完美

从咨询的观点来看，我认为，对于儿童来说，作业做得快、能做完，是我们优先追求的。当然前面说过做不完作业的事例，那就根据孩子的具体情况处理。但是有一类孩子是因为执着于做得好、做得对，而导致拖延。当孩子力求完美而拖延时，我和父母商量不要求孩子做得百分之百准确，孩子只要能保证作业做完就行，做错了也不用批评，能做完就可以。如果父母和老师要求孩子写得好，又干净、又不能出格子，当要求无限多，甚至面临各种潜在惩罚的时候，孩子就已经退缩了，最后我们会发现，孩子会停在那个地方，好像老是在走神儿似的，不往下做了，这样在学业上会有非常大的问题。

说起来，我为什么觉得头悬梁、锥刺股，反复练习的方式不是必需的，不练习也不是一件灾难性的事件，这还是早年一个来找我咨询的中学生，我从他身上学到的。他们一家来诊的时候，他妈说他小时候不做作业，是因为他特别聪明，看一眼就知道是什么，直接就把答案写上了。因为聪明，他对谁都表现得不在乎，老师让他做作业，他也不做，反正就这样一直持续到现在。等到初二的时候，他妈说他这个马虎的毛病可要命了，72 能看成 27，63 能看成 36，反正他能在这种很简单的地方栽跟斗，题做得漏洞百出，过程是对的，结果就是马虎算错。因为他很聪明，大家都觉得他不应该出这个问题。他来咨询的时候,我就笑话了他一下,我说你当时是不是没有反复练习过加减乘除,他说没有练过,我说你回家把你小学四年级的数学题拿出来全部算一遍。虽然这对他来说很简单且很无聊,但他真的回家算了一遍,当然这对他来说也很快,写写就好了,大概就做一两次,他做题马虎的这个事儿就解决了。

就是这个孩子,如果你让他在小学四年级的时候,把题都算一遍,他会觉得无聊、不愿意做。那个时候他没出问题,所以也不可能产生解决问题的动机。但是他在上初二的时候来咨询,72 看成 27 这种事情,他多少有点儿想解决了,他也觉得自己在这个地方吃亏了,这只是他在计算上的习惯问题,这个习惯稍微练一下就好了。

我们现在总是有个错觉,家长觉得我要先给孩子建立一个良好的习惯,所有的习惯都要非常完美。但在建立良好习惯的过程里,很可能已经是在攻击孩子了,孩子在这个过程中可能变得非常反感学习。我并不是说孩子不好的习惯都要保留,而是说,在所有的选择里,要挑一个相对不坏的选择。我们没法做出最完美的选择,如果非要孩子做到完美,不犯错,按照标准答案来,那小孩很可能就不能上学了,恐惧做作业,恐惧学校,得不偿失。抓大放小,只要孩子能上学,基本的框架不错,有些缺点也是可以接受的。

很多家长觉得,只要孩子努力就能做到。我有时候跟孩子说,努力不一定有用,甚至可能越努力越绝望。你努力,别人也努力,我们必须认清自己有没有天分,决定自己努力的方向。我有时候开玩笑说我的绘画水平之差,努力一万年都没有用。有些事情不是努力就能解决的，这个事情家长是要注意的。我有个同学，她的女儿五音不全，是真的五音不全。我不相信，我觉得我唱歌还行，她妈妈说你和她一起唱，她就真的把我给带跑了，完全不在调上，这样的孩子在音乐这方面就别努力了，接受现实就好了。像我这种美术不行的，我同学女儿音乐不行的，明显有缺陷的是肯定做不好的，这类作业就糊弄吧，跟老师说一下，我们真的是做不好。

我咨询过的一个上初二的孩子网络成瘾，抑郁、焦虑导致休学，三年半没上学，直接上高中，他的焦虑、抑郁还没完全好，上课完全听不进去，老师讲什么他也不明白，他不知道老师在讲什么，只知道老师的嘴在一张一合的，老师留一堆作业，他也不知道怎么做，后来他选的是文科。我教他的方法是，照着答案抄，你拿老师发的题纸，不管是抄同学的还是抄练习册后面的正确答案都行，写不完也没关系，他父母和老师商量不用写完作业。在那个私立学校，最让他高兴的是学校的学习氛围特别差，很多同学还不如他，同学也什么都不会。他原来心理出问题，一部分和他原来的学校是重点中学，同学竞争激烈有关；在这里他心情特别好，他能看到一批学习不好、也没觉得是一种灾难的孩子，他有了新的范本可以学习，人生百态啊。他那个时候实际上处于焦虑状态且处于一种解离状态，我们没有办法让他变得很好，我们接受了他的这种状态，完成适合他的作业量，允许他维持这种状态很长时间，等待他恢复，后来他真的恢复了。

我们再说说多动症的孩子，多动症最核心的症状是注意力不集中、静坐不能、多动。这类孩子有很多症状，那么我们希望解决什么？很多老师和家长胡子眉毛一把抓，什么都想解决，这是不可能的，太贪婪了。

多动症的注意力不集中，还有自闭症的注意力不集中，我都推荐大家去看创伤后应激障碍的诊断标准。儿童创伤的其中一个症状就是注意力不集中，而这个注意力不集中是为了回避焦虑和恐惧，这种回避常常使得孩子处于解离状态，也就是神游的感觉，感觉他听跟没听一样，你越逼他集中注意力，他越紧张，解离状态越严重，所以在这个时候，要安抚孩子，告诉他没事儿。作业可以少做点儿，也可以让老师在他走神儿的时候不要通过提问惊吓他，他会更害怕。降低对孩子的作业要求，慢慢让他知觉到环境的安全，随着孩子能力的提升，再把作业慢慢加到他能承受的范围。

多动症在学校里最惹麻烦的并不是注意力不集中，而是多动，影响课堂纪律，这才是我们主要关注的点，因为这会影响课堂教学，自闭症孩子也有这个问题。如果影响课堂，比如他要跑出去，老师怎么办，管班里的孩子，还是去找他。这类孩子让课堂变得完全不可控，我们要和孩子商量怎么给他一些可以玩的东西，比如图画书或者小玩具，让他们有可接受的多动方向，不影响他人，能在课堂中待下去，而不是不停纠正他，一边纠正他多动一边纠正他注意力不集中，这对孩子是多重打击，只会加重症状。

还有对于作业做得慢的孩子，我教给他们的就是乱答，快点答完就行，很多做作业慢的小孩是怕做错了，紧张，然后一点儿都做

上学困难，怎么办？

不下去。我先跟家长普及，不追求做得对，只追求快，你就先做完，快点做，瞎做就行，不用琢磨，管它呢，也不用检查，错就错嘛，直接给老师送去，然后让老师批一堆红色的叉也没关系，当然这个事要事先和老师沟通好，我们想先解决慢的问题，而且在这个过程里还要练习脸皮厚，和老师说好，做完就行，判完叉也不需要改正，就先这样，咱做完了，态度是对的就行。这里要解决几个问题，第一是速度，快点做完就开始玩，他就更有动力做完；第二是做错了，天也没塌下来，爸爸妈妈还是爱他的，他知道父母给他的是无条件的爱；第三，很多孩子是因为有完美主义倾向才拖延的，这样做可以帮他先去掉完美主义倾向，减少恐惧，而且还能练得脸皮厚一些，对失败这件事不那么脆弱。这个事情必须是速度上来以后，再谈质量。很多小孩儿处在解离状态的时候，可以对着一道题看半个小时一动不动，时间白白消磨了不划算的。我们的目标就是，不会的题目，瞬间过，瞎写个答案，然后做下一道题，作业快点儿全做完，做完了就能看电视或者出去玩，写成啥样算啥样。实在连瞎编都不会，那就少写点儿也行，或者父母写出来答案，孩子抄一遍也行，重要的是速度。

有的家长喜欢坐在那里看着孩子，不停地纠正，当然老师也给家长布置任务，要检查孩子作业，这就变成了打击孩子自信心的过程，非常损害亲子关系，尤其是对于那些心理非常脆弱和焦虑的孩子。家长和老师在教孩子学习的时候，也要教他们接受错误，接受自己的局限性，并不是百分之百的完美，追求不犯错会变成家长和老师对孩子的多重攻击。当然我们要教孩子做好作业，但是孩子能力有限的时候，家长和老师就要合作，在一定时间内有所取舍，比如在一两个月内可以先少做作业，或者做得快、不怕错。等孩子状态变好之后再慢慢调整作业要求。

不会写作文的小女孩

一个上小学四年级的女孩，老师让写作文，她不会写，每次写作文她都很退缩，她妈就说："要么我提醒提醒你？你写完以后我给你改？"后来她妈觉得这样也不行，就找了一个语文老师补习。补习的时候老师就说这个小朋友不说话，你跟她说什么都没用，她也没有反馈，都是那个老师连蒙带猜的跟她说。后来学校让写作文，给了题目，补习老师就说"你写一篇我也写一篇，咱们俩看一看写完是什么样子的"。之后小朋友觉得老师写得好，她就把老师的作文抄过去交作业了。这个也没关系。结果学校的语文老师说我们不光要把作文写了，还要用几点概括一下写作文的思路。这个小女孩就快被搞疯了，她还想要用补习老师的那套东西，但是她的概括能力又不足，她不知道补习老师怎么概括，她总觉得自己概括得不对。

那天她妈不在，她爸在，她爸就跟她概括了一晚上，她爸概括的结果她也不满意，觉也睡不好，她睡前跟他爸说我们是不是明天不要上课了，她对上课都已经害怕了。她觉得她没办法当补习老师肚子里的蛔虫，她想知道补习老师的思路，是应

上学困难，怎么办？

该用几个字概括还是几句话，还有她也想成为他们学校语文老师肚子里的蛔虫，想知道老师到底想让他们把概括总结写成什么样才能满足老师的内在标准。她很崩溃，崩溃到觉也睡不好，早上爬起来还想再接着做。

她妈妈就问我怎么让她语文成绩提高，我说"你女儿都快不能上学了，提高什么语文成绩"。作文也没有那么重要，稀里糊涂写完就行了，包括她妈妈第一轮给她女儿改作文，我说："那个你都不用改，她只要字数写差不多，能对付交上去就可以了，写完就完，差不多就行了。如果她实在不爱写，你大体上知道发生了什么，你跟她说两句，让她照你说的写两句，或者你帮她写让她抄上去，你要确保她觉得这不是大事儿，能上学。也让她知道她的想法和老师是有一定差别的，想摸清老师的心是不可能的，和老师的要求有出入，也是可以接受的。家长要去跟学校老师谈，谈的内容就是我们作文字写够了，差不多就行，我们目前不想要作文有太高的成绩，和老师说她紧张得快不想上学了。不要因为她作文写得不够好而失学了。我们必须分清主次，能上学排第一，作文写不写得好是可以商量和妥协的。补习老师写的作文也可以当范文，抄一下交上去也行。"孩子在写作方面已经出问题了，作文当然是自己写还写得好是最好的，其实自己写得不那么好也不错，再不行就是别人帮她写，她抄写一遍，再不行，就不写了。看孩子的能力水平，能力不行，那就退而求其次，重点是能上学、不失学。

03. 以什么姿态上学

这个孩子已经到了失学边缘，家长在纠结"我只要把她的作文或者语文成绩搞好了，一切就都解决了"。我的意思是，她女儿现在的语文水平就是这个样子，这不是说提高就能提高的。至少目前不能提高，请抛弃这个幻想，而且家长要淡化作文的重要性。着眼点要落在父母和老师都能接受她随便写写就行，能愉快上学就好。我们也不是有写作天分的世家，差不多就行了，能把字数凑足了，都谢天谢地了。

我觉得作文要提高，最主要的是语言表达能力变好，孩子愿意说、愿意描述，然后把说的写下来。我为什么对语文特别不在意？我觉得没关系，跟我自己的人生历程有关，我小的时候作文特别不好，就为了凑七八百字费老大劲了，写作文就是凑字数，当年我的语文成绩很不好，不光是作文不好，就这么混下来。不知道是不是我当年数学很好，抑制了语文的功能，语文就是拉分的科目。

当年我不会写作文，我以为是终生的，结果后来发现不是。等我上了大学，选择了医学院，对于我一个数学好的孩子来说简直是个灾难。学医感觉没数学什么事了，各种科目全部要死记硬背，整个人变笨了，这时候我的语言表达能力开始变好，我都不知道为什么变好了，我推测当年是因为我数学好压制了语言区，后来没有这种压制之后，写东西好像也不错了。我的博士论文写了近10万字。所以一些事情不是说只争朝夕，而是孩子能行了，你就帮他一把，孩子不行，你可能就要去接受这

上学困难，怎么办？

件事情，也帮助孩子接受这个事情，和老师协商接受这个事情。

在这个过程里，老师和家长要学会怎么去妥协。家长总是要知道个标准，老师也是有标准的。老师都希望所有的孩子按照一个特别好的标准去做，但是每个孩子的情况不一样，有的人作文好一点，有的人就没这个天分，能给你堆出来800字，管他怎么写的，他挖空心思凑出来的字多不容易？你还跟他说这段写得不好，要这么改、那么改，结果他更怕写作文了。字数够了，差不多，就挺好的了。尤其是这种比较退缩的孩子，她希望什么都是对的，又害怕在老师那里不一定对，家长要和老师商量写完就算过，不增加其他的要求，我们只求不要因此产生焦虑不敢上学，这就是我们的底线。上学就是愉快的，即使没写完作业，愿意上学，愿意去学校玩，我们就没输，就不是最坏的选择。不要总想最好、最完美的选择，那样会适得其反。

家长需要向孩子和老师传递什么

家长除了要让孩子清楚知道养育三原则，即不能伤害自己(包括不允许别人伤害自己)、不能伤害别人、不能故意破坏贵重的财物；还要让孩子知道自己是安全的，成绩不好是可以接受的，人生起起落落，犯错误是正常的，很多事情是可以换个角度看的，不用因此受到创伤。

家长和老师是一伙儿的吗？

可能大部分的孩子认为家长和老师是一伙儿的。我在上课的时候会问家长："你觉得你家小朋友认为你跟他是一伙儿的，还是你跟老师是一伙儿的？"很多家长真的回去问孩子，然后很绝望地发现，

上学困难，怎么办？

孩子不认为他们的父母是自己的保护者，而是认为父母和老师是一伙儿的。

家长在学校教育这方面很多时候充当的不是保护者和监督学校的角色，而是老师的"跟班"和"帮凶"。如果父母不能成为一个保护者，不能帮助孩子去和老师谈判，不能制约学校对孩子可能造成的不良影响，孩子就会觉得很不安全。孩子不知道自己出了问题应该找谁谈：找老师还是找家长？谁是靠得住的？我十几年前在大学生群体中进行过调查，询问他们幼年时在学校出了问题，会不会告诉家长，结果发现大多数人不会，他们认为告诉家长也没有用。不过时代在变好，几年前我们邀请小朋友做类似的调查，问他们如果在学校被老师不好地对待了该怎么办，有小朋友回答："我觉得我妈妈应该找老师谈谈。"

2002年的时候，我读博士期间刚入行做家庭咨询。那时候老师打学生可能还挺常见的。有一个孩子，因为不上学，妈妈带着他来找我咨询。咨询的时候，孩子妈妈叙述，孩子因为被体育老师打了所以不上学，我就问妈妈："你对老师打孩子是什么看法？"她说："我去那儿的时候就跟老师说了，我们家孩子送过来了，孩子该打、该骂、该做什么，老师决定。"这时候对于孩子来说，家长的保护作用就完全消失了，家长放弃了自己的监护责任，不能制约老师的教育不当，导致了孩子的恐惧心理，让他觉得选择不上学来回避是最好的解决方式。出了事儿，孩子也没办法让家长帮忙解决，因为家长的态度很明确，家长已经把他交给老师了，老师可以用任何手段，家长则无动于衷或者处于无助的状态，没有一点儿想制约老师的意思。这样一来，在孩子眼里父母跟老师是一伙儿的，跟自己不站在一起，父母和老师是共同迫害自己的人，跟谁说理都没有用。这个孩子后来休学了，在家待了很长时间。他一方面有非常强的不安全感，另一方面又有深深的被羞辱的感觉，他上学面对老师的时候很难受，同学对他的看法也让他很难受。

后来他妈妈说孩子网络成瘾，还跟小混混在一起。我问过这个男孩，跟小混混在一起混得怎么样，他说他混得非常好，他是那些小混混的领导，他知道怎么用人、忽悠人。我那时候真心表扬过那个孩子，说："我承认你是人才，但是我总觉得你这种人才发展的方向，最后就是一个黑社会老大，说不定哪天进监狱就没命了，你的目标是往这方向走吗？"后来小孩大概知道自己的能力，也很聪明地领悟到往那个方向走不划算，就回去上了一段时间的学，最后去参军了。

原本是妈妈带着孩子，爸爸一直在外地做生意，孩子参军之后，妈妈网络成瘾了。回过头来看，他们家的问题不仅仅是孩子的问题，可能父母在各方面都有问题，老师也是一个重要的触发因素，各种合力最终导致他出了大问题。

家长要有预见力

家长作为孩子的监护人，某种程度上也是最了解孩子的人，因此家长要对孩子的发展方向有一定的预见力，要知道预见某种情况时，和孩子及老师谈些什么，考虑在后续的求学过程中做怎样的决策。

家长如果担心孩子可能会发生一些不好的事情的话，就要知道具体是哪些事情会让孩子的压力水平或应激水平暴增，甚至可能导致类精神病性症状的发作，并尽量让孩子远离那些事情，不去参与，尽量将孩子的压力水平降到最低。

可能导致孩子压力水平或应激水平暴增的情况都有哪些？比如，集体公开课、公开表演之类的，容易紧张、害怕的小朋友就不要去参加这类活动。十几年前，一个6岁左右小女孩的妈妈前来求助，她的女儿突然有严重的退缩行为，不敢上幼儿园，出现情绪低落等情况。另一个咨询师的初步判断是抑郁情绪，和家长说大概需要咨询超过1年的时间。在我看来，其实小女孩遇到的情况有点儿像校园霸凌，但也不完全是，因为小女孩马上大班毕业了，幼儿园老师要组织一个毕业汇报表演，希望小朋友们有很好的表现。在这种情况下，老师可能很焦虑，对孩子就会有很多的攻击，而这个小女孩很敏感，在这种环境下产生了强应激的反应。于是我和家长说这就是老师在压力下的不良反应传到了小姑娘身上，这段时间不去幼儿园或者不参加节目排练就好了。一共大概咨询了两次，基本上就没有问题了。因为小朋友妈妈一直有写博客和发微博的习惯，我能跟踪看到那个小女孩长大成人的过程，一路都比较顺利，早年那次创伤性经历看起来对她并没有产生持久的破坏性影响。

有个曾经被校园霸凌的男生，初二休学后又回到原来的班级，后来他考上了职高，但是我认为他的康复并没有那么的扎实。虽然他回到原班级后，同学不再欺负他，可是他受的伤害还是有印记的，这些印记在某些环境中可能会被放大，重新激起精神病性反应。他考上职高之后，家长来咨询，我就跟家长探讨他去新学校可能面临的风险。职高不住校，能回家，这个和初中比较像，问题不是很大。但是最可能出问题的时间是开学前的军训，军训要出去一两个星期住在军营，我和家长说这个环境很可能会激发孩子的精神病性症状，希望家长能和学校谈一下，申请免除军训。作为一个曾经被校园霸凌，得过创伤后应激障碍的孩子，在群体里很容易觉得别人可能会伤害他，毕竟以他的经历来看，短暂的与同学相处问题不大，但是长时间和同学在一起容易出问题。

家长并没有接受我的建议去和学校谈判，我推测家长可能觉得军训是强制性的，很难和学校谈。这种畏难和退缩在很多家长身上都能看到，毕竟学校有更大的话语权，家长会觉得这样和学校去谈好像是和学校要特权一样。我想在这方面，家长、学校、老师都应该调整自己的态度和预期，尤其是对这些有过精神创伤的孩子。如果之前有过专业的诊断证明，尽管医生并没有开出建议减免军训的处方，学校和老师也应该灵活处理。毕竟如果在学校管理范围内，孩子精神病性症状真的发作，对学校也没有任何好处。后来那个孩子还是去军训了，在住的地方不知道发生了什么冲突，歇斯底里发作，学校吓坏了，不敢接收这个孩子，最后孩子被劝退了。我想家长没有预先告知学校孩子有这种风险，如果家长预先告知学校，而学校一意孤行非要让孩子参与军训，那出了问题就可能变成学校的责任事故。

我事先就在家庭咨询中建议家长，不要让孩子参加军训，后来孩子在军营歇斯底里发作，学校变相劝退了他，对于孩子来说这也是好的。那里的同学都不认识他，一过性地留下的某些印象会被迅速遗忘，但是如果留在那个学校念书，将来同学熟悉起来还一直留着他当初歇斯底里发作的印象就不好了。后来这个孩子就从职高退学，换了另一个交钱就能上的职高，多收一个人也无所谓。换到另一个职高的时候已经过了军训期，其实不参加军训也没事儿，之后他就在那个职高很平静地念书了。

如果家长特别希望孩子去哪里或者做什么，那就要保证孩子在那里是安全的，或者有陪读。就好比刚才说的那个孩子要参加军训，即使参加也要做特殊处理，比如在附近租个宾馆，让孩子离开军训地出来住，然后家长陪着，因为我们不知道他跟别人住一起可能会发生什么。他紧张到某个水平的时候，尽管别人也许没有伤害他，他也会觉得别人要伤害他，其他人会觉得他反应过激。所以，家长要对孩子有预期，家长要去跟学校谈判，学校也应该学会重视这种事情。即便别人都没事儿，有些小孩就是会发生状况，而且可能是大事情，最后闹得不可收拾。

有时候学校的变动也会让一些孩子感觉不适，导致上学困难。有一个疑似高功能自闭症的高中生，她妈妈来求助，说因为当时其他地区出现的学校门口砍学生的事件，学校突然发布了新规定，开始严格管控进出校门，以防止恶性案件的发生，即上课期间学生不能离开学校，家长也不能进入学校。以前，这个高中生的家长经常能进学校看看他，因为这个规定，他就变得很紧张，觉得自己被困住了，跟坐牢似的。在我的建议下，妈妈明白了要让他知道那不是坐牢，随时都能出来。为了避免他的恐怖感暴增，他妈妈去跟学校沟通，说孩子觉得在学校期间不能出来像坐牢，向学校提出特殊申请需要偶尔把孩子接出来两趟，让孩子放松下来，学校允许了。学校知道他是个特殊孩子，他有特殊要求就给了他特殊的待遇，条件是如果接孩子的时候是在上课期间，妈妈要是申请了接他，就要在门口等着他，但不能进校园里。这样做的效果很好，家长接了他两次，他就知道了自己并不是在坐牢，想出来随时可以让家长接出来。后来这个孩子考上了重点大学，到外地去念书了。如果家长做得好，这个事就是小事，两次就解决了。但如果他的妈妈不做处理，小孩在学校处于特别紧绷的状态，觉得学校像抓牢犯似的把他扣留在那儿，不让他动了，他就会被吓疯了，很可能面临失学。

成绩不好是可以接受的

在我的咨询过程中，最常出现的问题，也是家长喜欢来找我咨询的理由，就是学习成绩下降或者和学业有关的问题。在这些孩子中，有学习成绩非常好的，也有成绩一般但想努力达到特别好的，还有成绩不好跟不上的。学习成绩下降是困扰孩子和家长的大事件。

上学困难，怎么办？

我们要确保孩子知道，成绩不好这件事，家长是可以接受的。为了让孩子在困境下活下去，家长得告诉他各种理由：学习成绩好不好，有什么关系吗？没有什么关系的。我有时候逗小孩，我说要是你家足够有钱的话，你就回家天天收房租就好，也能过日子，事情没有你想得那么糟糕。总之，不能灾难化，家长灾难化的结果是可能会把孩子逼到一个极端的状态。

再说回那个休学了三年多年的网络成瘾的中学生，他有一阵子状态特别不好。他家原来总跟孩子讲忆苦思甜的故事，导致这个男生特别抠门，但他家其实非常有钱，他爸是公司的三把手。有钱人养孩子的时候，经常往没钱的方向养，怕有钱把孩子养坏了，结果孩子老担心他们家钱不够，出了问题。我跟家长说回家拿20万元的存折先给儿子看，说现在20万元在这儿，你家不缺钱，不会发生什么事儿。家长回去真的这么做了。这个男生当时打电脑游戏，特别抠门，我跟家长说，你回家给他2万块钱买装备，家长真的这么做了。小孩花了12 000元，游戏结束的时候他还把装备卖了6000元钱，净赔6000元，玩儿游戏也值了。

这个小孩后来去南方念了一个二本，那个地方刮台风，宿舍楼都跟着晃。他的人际关系也不太好，就跟他妈说，想要出去住，一是楼晃太吓人了，二是跟同学一起住感觉不太好，但租房子还挺贵的，出去又不知道会怎么样。我跟他爸说："不要探讨这些有的没的，赶紧转过去几万块钱，说去租房子，错了我们也认，随便，你想干什么就干什么。"他爸第二天给孩子转过去4万块钱，效果非常好。

我问他孩子什么反应,他说孩子当时就不抱怨了,也可以忍受在宿舍待着,但是有4万块钱心里就有底,可以随便出去租房子,就不用探讨那些有的没的了。

一个小学四年级的女孩问我,如果我考试考不好怎么办,我说你现在考多少分,她说还好,我说你觉得考不好是多不好,她说如果我考5分呢?我像说笑话似的逗她:"是100分满分考5分?这挺难的,有选择题,你瞎选,100分按概率也能得25分。"我建议她考一个最少的分回来试一试,看看父母什么表现。小朋友就"嘿嘿"地笑,其实她一直害怕她真的考不好会发生什么。

还有一个青少年,是复读生,来找我做咨询时,他说他已经学不进去了,我说学不进去就不学。小孩看着是有一点点抑郁,我就问家长,如果你家小孩考不上大学会怎样?你们能接受吗?家长愣住了,实际上他们内心是不能接受的,那个孩子也觉得家长是不能接受的,我这么说其实是明知故问。我盯着家长,家长说以孩子现在的成绩不可能上不了大学,我说假设他就上不了呢?后来家长也挺明事理的,说如果孩子成绩不好,他们其实是可以接受的,孩子的状态一下就好了很多。事实上,最后孩子还是考上了大学。我们能看到他的心理压力,很多小孩内心都有这个压力。如果他考了第一,下回他考第五,老师怎么看?同学怎么看?家长怎么看?

不只是特殊的孩子,所有孩子的家长都要做的一件重要的事情,就是给孩子"洗脑":学习成绩不好没关系,只要愿意,随时都可以"翻盘",就算不能"翻盘"也不是什么灾难,千万不要弄反了。有些家长经常觉得，自己的孩子有各种各样的问题，多动、自闭、抽动秽语，既然他有这么多问题，如果学习成绩好，就会解决所有的问题，类似"一白遮百丑"，但这是不对的。小朋友如果有各种心理问题，家长应该知道孩子的学习成绩不会太好，家长甚至应该带着孩子去预见未来，跟孩子说："我们可能在一段时间内成绩不会那么好，但就算考试倒数第一又怎么样呢？爸爸妈妈喜欢你就行了，你上学校玩儿得高兴就行了。可能有小朋友会攻击你一下，说你笨，考倒数第一。但如果你不考倒数第一，他考倒数第一，他可能比你过得还惨，他爸爸妈妈会回去揍他一顿。幸亏你考倒数第一，解放了好多人。"家长要用各种方式去解释这件事，让孩子明白成绩不好没有想得那么可怕，家长要身体力行表现出真的不介意成绩，千万不要说一套做一套。孩子成绩真的不好，回到家父母嘴上说不在意，但是表情配合不上，让孩子觉得家长是骗人的，根本就是在乎成绩的，家长就算做演员也要敬业些，演得像些。如果孩子能够得到父母的保证不那么在乎成绩，孩子就能在学校舒舒服服地待着，看看热闹，听听老师、同学在干什么就好，等到长大了，这些看到的、听到的都是孩子未来交友时的谈资。

家长要教给小朋友"学习成绩好不好，其实没关系，我们上学校就是去找小朋友玩的，去看一看小朋友们发生了什么"。人生有一个履历，知道学校是干什么的，这个非常重要。我经常举郑渊洁的例子：他儿子小学毕业就没再上学，都是他自己在家教，后来郑渊洁又生了个女儿，女儿去上学了。这说明在家可能也没那么好，缺乏某些社会交往，只跟家长在一起的话，社会交往的量太小了，所以要到学校去看一看同学们在做什么，就算学习不好，也还是有收获的。

就算学校很烂，老师、同学都很烂，你将来讲一讲这个很烂的历史，本身也是谈资。你知道曾经发生了什么，你知道学校各种各样的问题，好的或不好的，其实都没有关系。你可以跟别人说当年学英语的时候，英语老师发音特别差，老师自己也不太懂，好多英语老师是从俄语专业转过来的，老师就现学现卖糊弄你，你全靠自学。你知道当年发生了什么，那个故事是什么，你给别人讲的时候有故事、有生活阅历，这个挺重要的。

所以我们让小朋友去上学，有的时候就是积累一下社会经验。我咨询的有自闭倾向的小朋友，好多胆小的被老师吓到不敢上学，还有因为社交焦虑和强迫症休学的，有休学了三年跑回去上课的孩子，也有每天不能上整课的孩子。我都告诉他们如果去上课，看班里发生的各种小错误，回家讲给家长听。比如今天谁又迟到了，被老师批评了；今天哪几个人打扫卫生不太好，被老师叫到黑板前站着。我问过一个来找我咨询的小朋友，那些被罚站的同学哭了没有，他说没有，他们还在前面做鬼脸逗我们笑。他会以讲故事的态度去看那些不紧张的人是什么样子的。很多小孩是胆小的孩子，特别容易紧张，我不是让他去看人家怎么好好学习的，而是让他去看脸皮厚、不怕批评的、滚刀肉似的小朋友是怎么过日子的。

我咨询的因网瘾休学的中学生，去私立学校念书后，发现他去的那所私立学校所有同学的学习成绩都特别不好，不好到成绩个位数或者十几、二十分。他在那里还算学习成绩好的，别人还说"以后你要是发达了多提携提携我"，那场景特别有意思。以前，他永远都在看他们班考试排前几名的同学是什么样子的，永远处在一个特别紧张的状态。我们希望他没那么紧张，就把这个目的告诉了孩子，跟他说你真的可以考试成绩不好的，下回你就瞎答，考个三五十分拿过来给你妈看一下，她真的没那么在乎。当然这个事情我需要先跟他爸妈说好，小孩有可能给你拿一个很低的分回来，他要考验一下你们对他的爱是不是无条件的。这回转学就好了，都是低分的学生，他突然发现考这么低的分数，人生也没有坍塌。

我经常跟家长说，最好小孩在成年之前，真的有一两次考得特别不好的经历，有了这样的人生经历他才知道成绩没那么重要，但是这个时候家长要表现得好、表现得到位，可以接受孩子成绩真的不好的情况。孩子得知道人生有起有伏，而且爸爸妈妈对"伏"的接纳程度是很高的。只有这样，他才能够知道"底"是什么样子的。有些孩子不能接受不好时可能要面对的情境，他就会恶意地去假设。一直没有探底，他老是纠结"我怕有底，那个底是我不能接受的，家长也不能接受"，就悬着、焦虑着，心就会绷得特别紧，一直处在高焦虑的状态。

人生是起起落落的

家长要让孩子知道"我们其实可以接受你成绩不好"，但这样做的目的并不仅仅是成绩好坏无所谓,而是要家长给孩子讲一个道理,即人生是起起落落的,而爸爸妈妈是帮孩子解决问题的那个人。人生总是会遇到问题,比如某个时间段学习成绩就是不好,或者碰见了什么样的事情就是办不好,这都没有关系。可能过了那个时间,好多东西准备好了,就能变好了。主导思想其实是向上的,目标也是向上的,但是我们可以接受人生里有一段时间没有那么好,没关系的。

像我之前学了医,我其实特别不爱学,但人生中这个时间段可能就是个低谷,爬出来就好了,转个行,换一个方向就好了,谁能保证人一辈子一定一直好呢?有的人上了大学不喜欢,重考一遍也行。很多错误其实都是可以修正的,人生也并不能保证在所有的时刻都是那么好。这就跟炒股一样,开始时好多人都觉得不会赔,等到赔的时候满口溃疡、嘴角起泡。没人能保证人生总是处在一个正确的道路上,人生没有只盈不亏的。

现在很多家长或老师在教小孩的时候,都是在教"你一定要努力全对",这很不好,应该教孩子"人生就是起起伏伏的"。物理题也许 A 章节你会很多,B 章节你可能就不太会,C 章节你可能又会了。所以你并不一定全都按 100 分去要求自己,而是一个波浪线,维持一个基本的水平,差不多就行了。

我碰到过学习好但最后却面临退学的学生。因为压力太大了,他争取到足够好的成绩之后,已经累得不行、快崩溃了,那时就已经离休学不远了。他已经达到了自己的高峰,应该停下来了。

当年有一个孩子，中学成绩很好，全校前十，但他觉得自己整个儿都空了，脑子好像也学不进去什么东西了，整个人的状态像是有严重的抑郁，能量很低，兴趣减退，也可以说类似精神分裂症的淡漠的感觉，其实也分不清它是什么，但是很严重。尽管那个孩子达到这种状态了，他爸还要他努力学习，我对家长说他快要到精神病院住院了，学习哪有那么重要，家长不懂，还在努力解决孩子的学业问题。等孩子真的进医院以后，家长不在乎学业了，但是那个时候很多时机都已经错过了。在更早的时候，家长就应该选择送孩子去做心理咨询，就应该放下成绩，休息调整。

成绩好的孩子会有一个风险：他可能不能接受"掉下去"。他往上的时候已经拼尽全力了，但人都是有懈怠期的，不可能总处在一个高峰体验的状态，没有人能那么厉害，所以重点在于他掉下去的时候是怎么想的。实际上，大部分人的人生都是围绕一个基线浮动的，辉煌只是像中了大奖，中奖过后人们还是要回归到一个相对平淡的状态，但在这个状态下人们是可以过得好的。但是，很多家长，包括老师，都希望孩子们能有一个非常好的体验，最好一直是高峰体验，而且是永远。

凡是有过高峰体验的人，其实都是非常危险的。得过第一以后，剩下的人生可能全剩抑郁了，因为再也没有高峰体验了，莫扎特的人生就是如此。莫扎特6岁的时候就显示出对音乐的天赋，弹钢琴弹得特别好，又加上他小时候长得可爱，他爸带他巡回演出，皇后、公主，很多人都抱过他。尽管莫扎特他爸没有停留在辉煌之下的想法，但是莫扎特有，他的人生停留在 6 岁最辉煌的时期。在那之后，他写出来再多交响曲也回不到那个辉煌时期了，他的人生一直想找回当年的感觉，但就是找不到。所以如果一个小孩的人生中有可能在某一刻能够体会到辉煌，这时候家长应该很紧张才对。家长不应该让孩子抱着某种幻想去再现辉煌，或者保持辉煌，而是要告诉孩子人生中这种高峰体验可能会很少，让孩子当一个游戏就好了。

我认识一个高中生，学习成绩很好，我见到他时他最好的成绩是在当地最好的学校考了全校第八名。他跟我说老师觉得他有可能考第一，我说："我对你考不考第一其实没有太大的兴趣，真正让我担心的是，如果你从第八掉到第二十或者更低一些的话，你能不能接受？你的心态还能不能保持良好？"那个小孩愣了一下，他从来没想过他会掉下去，后来他想了想说他可以接受，我觉得这个心态就比较好。后来这个孩子真的考了全校第一，而我的话也等于提早给他打了一剂预防针。

如果因为学习成绩特别好最终导致休学的话，那将是一个特别遗憾的事情。一休学，很多孩子就有可能回不去学校了，孩子会觉得"我以前成绩那么好，现在没脸回去了"。有些家长要求孩子拼命往上，只能进、不能退，这是不符合现实的。事实上，人生肯定是有进有退的，这是家长和老师应该在孩子的整个求学时代教给孩子的。

人生就是这样，起起伏伏，可上可下。成年人今天找了一个工作，过两天可能就把工作辞了。炒股票今天赚了多少，明天赔了多少，可能要在一个很长的时间内去计算成本和收益如何。在股市里，赚 5%都是赚。别人家的孩子提高 5 名可能觉得那都是赚了，可如果是你家孩子的话，你就会觉得他怎么不能总是第一名，这种想法是非常危险的。

很多家长每时每刻都在计算成本，觉得只要投了钱、投了精力就应该中大奖，所有的投资都必须是赚的，事实是中大奖基本上是不可能的。比如，家长会说"我给你投了这么多钱让你去上学""我交了特别多钱让你去上了你本来上不了的学校"(比如说孩子离学校录取分数差 10 分，家长可能花了 5 万块钱才让孩子上了这个学校)。家长可能会很纠结这件事，觉得自己投资了就必须有效果。我就跟家长说，这个投资逻辑上应该不太有效果才对，孩子入学的时候本来就和别人差 10 分，吊车尾实属正常，就算努力了也有可能没效果。家长事先要给孩子做好心理准备，努力了之后，有效我们就是赚了，没效也无所谓，即使分数很低，孩子还能在好学校的群体里混，就是赢了。

犯错误是正常的，不犯错误才不正常

我们现在养育小朋友的时候，会在一个极端正确的道路上走，希望小孩不犯错误，但不犯错误是不现实的，我们应该让小孩知道犯错误是有一定概率的，正常小孩每天都会犯些小错误，这是个概率问题，比如忘带本子、忘带书包，完全不犯错误的要求太高了。像超市里的商品感觉都是好好的放上去的，但是背后是有 2%的折损率的。人生也一样，我们要允许自己有一定的犯错率，这才是符合常识的，而如何应对错误才是体现功力的地方。

老师、家长和孩子都需要知道什么才是正常的，要有基本的常识。比如，今天这个孩子丢个本儿，明天忘了什么作业，又做了比较小的出格的事儿(如迟到、忘戴红领巾)，这是非常正常的，这是一个按比例出现的事情。要是一个班里一天什么事情都没发生，这才很不正常。只要班里一天错误不是太多，都不是事儿，老师不要气得像发疯一样。我有一次给老师做压力应对的讲座，就跟老师说，你们的心脏病都怎么得的呢？因为你们不尊重常识。孩子他就是迟到一下，今天没带书包，或者明天没带笔，就把你气得心跳过速，何必呢？它就是一个按比例出现的正常现象，你笑笑就好了，告诉他明天带来就行了。

有一个孩子的爸爸，长得高高胖胖的，因为从事文艺相关的工作，所以上班时间比较灵活，可以送女儿上学。那个爸爸总说他女儿找打，每天早上父女都要纠缠好久，最后爸爸都会动手打女儿一顿。

家　　长：我老打我女儿，她老找打。

咨询师：为什么？

家　　长：每天早晨她不是忘了红领巾，就是忘了别的。

咨询师：她没戴红领巾就没戴呗。

家　　长：我买了无数条红领巾，门口卖红领巾的都认识我，我特别生气。

咨询师：你就不给她买，她进去就被批评一下，有什么了不起的。

家　　长：我不想让她犯错误。

咨询师：她不戴红领巾进去，老师也不会打她呀，最多扣两分，说她两句，其实没什么关系。她被老师刺激完以后她自己会戴好红领巾的。

家长每天都生气，每天都因为没戴红领巾打小孩，不想让女儿犯错误，所以他俩经常发生冲突。这其实就是缺少常识的表现。假设这就是孩子的一个毛病，这个毛病很大吗？不大，也不违反养育三原则，不会伤害别人，也不伤害自己，不会带来大的财物损失，即使它不是一个好习惯，它也不是一个灾难。有些家长容易把它灾难化，把问题放大。

我特别喜欢看访谈类电视节目，听受访者讲他们的人生糗事。有嘉宾就在节目里说他特别不爱收拾，只要进了家门，就开始一路脱衣服、扔东西，乱得不得了，后边得跟好几个助理帮他收拾。我说你看，这不有助理呢吗，这个问题没有那么严重，这个事情其实是能解决的。你没有必要为这件事情跟孩子纠缠，有的小朋友就是乱七八糟的，乱就乱呗，大体的任务孩子完成了就行，我们只要基本的部分过得去就行了。

我有时候会要求小朋友去看身边发生的错误事件，它们都不是灾难性的，都是可以解决的，就算发生了也没有什么关系。孩子看多了以后，可能就放下心来，没那么紧张之后，注意力就能集中了。

04. 家长需要向孩子和老师传递什么

很多孩子小学时总是得双百分，到了初中后极其不适应。实际上，在初中得 80 分或 90 分就已经很好了，有一定的错误率才正常，这就是人生。有些家长或老师所持有的百分之百正确的幻想早晚要被打破。小学的时候考试容易得 100 分，但到了一定的年级时，你就会发现得 100 分是不现实的，小朋友需要在一定程度上知觉到这个事实。孩子不能拿满分这件事情也许并没有想象得那么恐怖。孩子心理压力大的问题是需要解决的，如果不解决这个问题，等孩子考试的时候状态不对或者功能不好，实际上连正常水平都发挥不出来，更别提超水平发挥了。这种人生的态度家长应该提前把握，也要让孩子明白，否则那些不切实际的幻想在幻灭的时候对孩子可能是很大的创伤，他不仅需要自己舔舐伤口，还得安抚父母的创伤。

有些成绩靠后的小孩可能会觉得丢脸，不想继续读书，被家长一逼迫就会出问题。但部分成绩靠前的小孩，哪怕是老师很得意的学生，也有可能会出问题。即使是形势一片大好的状态，家长也应该小心。

好多家长觉得我养孩子太舒服了，孩子从来没惹过什么事情，家长心情一直都很好。我说这个时候家长应该感到害怕才对，正因为他看起来什么问题都没出过，家长才不知道他是怎么应对风险的。有一些看上去的好孩子，他把压力都指向内部了，完全不指向外界，最后压力足够大就爆破了。有一些家长前期写博客、公众号，觉得自己的孩子超好，结果孩子最后自杀了。这样的孩子是压抑的，攻击是指向内的，孩子完全没跟家长提过自己哪儿不好。

所以有些小孩经常惹点事儿，老师把家长找去谈一谈，我觉得这挺好的，最起码我们还知道发生了什么事情。孩子完全不惹事，你就不知道到底发生了什么。我当年认识一个女生，她说她从小当大队长之类的班干部，到了大学还是这样，她一直都是这个类型的孩子。可是等她到工作的时候，可能因为安全了，她突然觉得整个人都处在解离状态，领导在说什么，她其实没听进去，只觉得领导的嘴就是在张张合合而已。虽然她做的反应都是对的，点头、回应、接两句话都是对的，但一转身，她完全不知道领导刚才说了什么。她很害怕持续这样，之后会出大的错误，于是我建议她休息，好好休息。她前期压力太大，太压抑自己了，这些问题迟早会在未来浮现，只是不知道在什么时间出现而已。

正常小孩都是有攻击性的，如果孩子一点儿问题都没有，可能是攻击性被压抑，反倒是一个巨大的问题。有人管这个叫"阳光型抑郁"，你看这个孩子都挺好的，但是你并不知道他是怎么处理他该有的创伤的。而另一些人一身是刺，可能反倒没什么事，毕竟他的攻击性已经释放出去了。类似地，有些人的人际关系不好，老跟人吵架，这个人可能还不抑郁，因为他逮着人就骂一顿，火儿都发出去了；而那些看起来表面平和的人，他们怎么处理情绪，会不会内伤，我们就不知道了。

在学校里，这种什么方面都表现得特别好，完全没有任何问题的小孩，实际上家长要更担心一些才对，因为你不知道这个孩子的危机在哪里，也不知道他什么时候就爆发了。家长可能只顾着欣喜，觉得自己有一个这么容易养的孩子，特别得意，但小孩可能并没有体验过挫折或者说不敢让自己有机会体验挫折，没有接受过父母的接纳和安抚，不知道自己的安全感在哪儿。

很多事情可以重新解释，不用创伤

对于小朋友可能被创伤的事情，比如同学对他不友好、老师不叫他回答问题、大家不关注他、老师让他罚站等语言霸凌或者社交隔离，家长都是可以重新解释的。

家　　长：这样的(有些自闭倾向)孩子老师一点儿都不照顾，反而把我们安排在最后一排，让他自己一个人坐一张桌子。

易老师：在最后一排挺好的，这个你不用创伤，自闭症小朋友其实很喜欢边缘的位置，在老师旁边的话压力大。老师的照顾并不一定是好的，很多时候类似自闭症的小朋友对别人的趋近是不知所措的。

老师的忽视也许会让孩子感觉更好些，不过这时候被创伤的反而是家长了，所以你要分清楚这是家长的创伤还是孩子的创伤。

应对同伴压力

语言表达可以影响孩子对事情的理解和解释。家长可以告诉孩子"别的小朋友有时说你笨，你偶尔笑笑就好了，其实没什么太大的关系"。有些词不一定都是坏词，有的家长跟小朋友说"你怎么这么笨笨的"，语气如果是对的，他会觉得这种"笨笨的"是可爱。

有一位妈妈在这方面处理得特别好，特别值得借鉴。她现在是个心理咨询师，当年不是。当年小孩爸爸拿手托着女儿，女儿扒着他们家的门框玩。孩子妈妈经常带女儿这么玩，结果爸爸不太会，也这么举着，小孩就掉下来摔着头了，把后脑勺磕了，脑出血、萎缩了，后来就看着有点笨。她妈当时预测因为她看着有点笨，上学的时候肯定别人都会侮辱她，说她笨啊、傻啊，他们家从小就开始互相起外号，互相说各种笨啊、傻啊，跟游戏似的，从小就进行系统脱敏。后来等孩子上学的时候，人家真说她笨、说她傻的时候，她就觉得这没什么，根本不是事儿。小女孩学业也不是特别的好，整个人慢慢的，虽然发展缓慢但处在发展中，小女孩现在长大成人之后发展状况很好。大概这个小孩也有点儿自闭倾向，她到高中都没什么朋友，但现在有朋友了，人际关系还不错。她在国外留学定居了，学的会计，她说因为她比较刻板，这工作适合她，老板觉得她特别靠谱。像她这种小孩没有请陪读，但是她妈妈已经预见到了校园霸凌问题，知道可能发生什么，提前做了处理。

一些智力发育迟滞的小孩上普通学校，也是如此。他内心是否觉得被侮辱，跟家长帮他定的调有关。如果孩子不介意，家长不介意，拿最后一名也没有那么不好，总是有最后一名的。哪怕群体里没有自闭倾向的孩子，没有多动症的孩子，什么特殊孩子都没有，也是有最后一名的,在北京大学里也有最后一名,只要考试排名次就有最后一名。我们可以说服小朋友接受自己成绩不好,家长不要觉得成绩不好就是被侮辱了,成绩不好也没关系,这不算什么坏事。孩子提前就能做好准备接受成绩不好,是非常重要的,这是让孩子能在学校混下去的最基本的心态。

你要是最后一名的话,你会是什么体验?家长要共情孩子,家长要先过自己心里那道坎,然后说服你的孩子,这是作为家长必须过的一道坎儿。如果家长自己过不去,小孩就过不去。家长应该先说服自己,再说服小孩。如果家长说服不了自己,就去找个心理咨询师谈。家长有任何抱怨,不应该找老师抱怨,而应该找心理咨询师或其他社会支持去抱怨。如果家长找老师抱怨,把老师当成心理咨询师来释放自己的压力,会增加老师的压力,并不会对事情产生任何好的作用。家长千万不要把老师当心理咨询师,而是要扮演类似心理咨询师的角色去安抚老师,不应该给老师加压,而应该给老师减压,告诉老师,"我们很长一段时间都可能成绩不好,老师多体谅,也不用过多帮助我的孩子,先给他一段时间等待他成长"。

我们要教小朋友,"同学对你不一定很友好,没有真的伤害你就可以。同学没打你的话,其实没什么太大的事儿"。人家说话痛快痛快,这种事情有的时候谁也管不了,你完全不让人家快活,也不太现实,要看你自己的心理素质是什么样子的,能不能扛住这个事情。

有一天，一个小孩来找我，说他被同龄人霸凌，因为他下棋一直能赢对方，结果有一回对方赢了，说"谁说你厉害，你也就那么回事儿嘛"。那孩子快活了好久，把来找我咨询的小孩气坏了，我就跟他说："你知不知道大家只是动动嘴，你动怒了你就输了，你被气得一跳一跳的，人家就会更惹你。"我要让孩子知道，他前期一直在赢，那个孩子也很受伤的，那个孩子只是逞口舌之能，也没有真的动手打人。

我告诉那孩子"因为你的反应很激烈，所以别人更愿意逗你"。别人觉得逗他太有意思了，大家就想看他被激怒的场景。我就给他讲我听说的人生故事。当年我们班在医院实习，新老护士长交接，人事调动，老护士长很生气，找个茬儿跟新护士长吵架。老护士长一路骂，新护士长就特别淡定地看她一路骂，骂到最后，老护士长自己哭了，新护士长什么事儿没有。

每个人给自己设定的创伤点是不同的，如果你认为别人在侮辱你，在骂你，在创伤你，而你又被创伤了，那你设定的创伤点就是有效的。那个新护士长听老护士长一通乱骂之后，觉得这是老护士长的问题而不是自己的问题，新护士长就没有什么大的反应，特别淡定，然后我们旁观的实习生们都是一片对新护士长的敬仰。

像这个小孩说他被校园霸凌，别人欺负他的方式不是打他，而是对他的杯子下手，把他塑料的杯子扔地上，用脚互相踢，他又捡不回来，就很生气。我说："你气什么？杯子才多少钱？"他上这个学校一年学费20万。我就跟他说："假设你不介意这个杯子，他踢就踢，无所谓。你以一个旁观者来看这几个小孩儿在踢一个破杯子，你会不会觉得他们有病？你应该跟他们说，随便踢，无所谓，如果坏了就赔我一个，没坏就接着踢。"

当你很淡定的时候，他们会觉得自己有毛病，你不淡定，你还要拼命推完这个孩子再推那个孩子，想把杯子抢回来，人家才觉得这个事情有意思，耍你才有意思。不然几个孩子踢一个破杯子挺没意思的。你就应该淡定地在那儿看戏，看他们踢杯子。我觉得这件事情不是什么大事，就看你怎么给小朋友解释。我解释完以后小朋友可舒服了，觉得他们同学确实很傻，这个事件就解决了。我跟小朋友说："这杯子才值多少钱？你从外地开车跑北京来找我做两小时咨询，送我那么多钱，你亏不亏？"

我经常给把握不好攻击性的小朋友讲什么叫打架，怎么才能自己不生气，还能让别人生气。自己为什么要生气？我天天都特别有文明，特别有礼貌地在网络上念经似的给他们讲道理，也就相当于"打嘴架"。用他们的话来说我就是"放着罗圈儿屁"，讲的都是同样的话，换一个角度说而已，气死他们了，这才是强势的态度，很重要。保持自己不生气，气到的就是别人。小朋友和我待的时间长了都会不知不觉变"彪悍"，他们能分清别人的问题是什么，他们知道自己在损失不大的情况下只要淡然地看着就行了。当然，如果有严重的问题，真的被霸凌了，比如身体上被伤害了，还是应该找老师，心理上的那就看看怎么去重新解读，当然也可以和校方谈。

如何重新解释老师的行为

有的小朋友对老师有很高的期待,如果老师总不叫他回答问题,他会觉得老师不关注他,心灵受挫,这就需要家长去帮他重新解释。家长可以说:"老师上课 45 分钟,一个班级四五十人,一堂课平均下来,每个学生才能分到 1 分钟,更何况老师还在讲课,1 分钟你都分不到。实际上,真的在乎你、照顾你、能倾听你的,是爸爸妈妈,不要对老师有那么高的期待。"我在学校继续教育专升本的课堂上,讲过这个问题。当时很多上课的学生是有孩子的,一个学生回家就给她女儿讲了这个逻辑,她女儿大概 5 岁。某天她女儿回来就给妈妈讲幼儿园发生的故事,说某某某觉得老师偏心,偏向哪个小朋友,没偏向他,那个小朋友就哭了,她女儿就去安慰那小孩说:"老师很忙的,没空照顾到每个小朋友,真正该照顾你的是你爸爸妈妈。"她给她女儿做的工作很到位,这个道理就内化成她女儿内心的一部分,还能把这个逻辑应用到别的小朋友身上。

有一次我和一个在国外上特殊班的小学生咨询,小男孩说老师罚他,让他上走廊站着。我问他:"老师打你吗?"他说不打。我就跟他说老师不打的话就上旁边站着去好了,犯点儿小错误罚站,你就当作是勇敢者的行动。你是勇敢的小朋友,可以站在那儿。后来我就把这个故事讲给一个同事,正好她女儿在幼儿园被老师惩罚,她给孩子讲说"没事儿,小朋友都可能被惩罚,你就当一个勇敢的人站在那儿就好了"。结果老师又惩罚她女儿,让她上走廊站着,她女儿还拉了另一个小朋友陪她站着，特别有意思，这样的心态就很好。

我们要知道每个人在一件事上做到什么程度就算完成职责了。当家长把孩子送到学校里去，老师完成了基本的工作，没发生什么大的危险，这样就差不多了。家长和孩子没有那么高的期待，就不会有那么大的创伤，我们没必要老把自己置于一个容易受创伤的位置上。

很多人被创伤的原因就在于他们总是把自己放在一个容易被创伤的位置上，觉得老师如果没对自己好，没提问，自己就被创伤了。这不是什么大事情，没被提问的话也没什么损失，或者就干脆找一个一对一老师天天提问，每时每刻提问。有一个小孩跟我说，上一对一课程挺可怕的，必须得集中注意力，老师每时每刻都在看着他，平时上课走个神儿，学生太多了老师也管不过来，还可以混一混，但一对一混都没法儿混。所以老师要是真的重视你也不见得是好事，你无处躲藏啊！

有的小孩抗打击能力强，从家长到老师，随便谁"虐"他都没关系，一点事儿没有，但有些小孩你碰他一个手指头都不行。像这种特殊的小孩，有一些人说这些孩子的抗挫折能力不行是因为他们受的挫折太少了，这种说法是不对的，这种小孩就是属于需要特别照顾的。你得先把他放到一个玻璃房子里，把他养好，养到足够好的时候，才能把他放到大自然里接受风吹雨打。前期如果养得不好，直接让他经历暴风雨的考验,他会"死"好几轮的。人和人不一样,不同的孩子就是要区别对待。我们在这方面对老师还是要有所期待的,不要对我们比较脆弱的孩子过于严厉。

要不要带陪读

陪读的作用

我认为情况特殊的孩子上学应该带陪读。陪读可以陪孩子在班里坐着，也可以不进班，在外边等着，只要让孩子在出现问题时可以随时出来玩儿就行。陪读甚至可以只在课间10分钟和中午吃饭的时间出现，只要孩子上课时不扰乱课堂秩序就行。上课时有老师看着，孩子可能不会发生被同学霸凌的问题，但课间10分钟老师不一定看得住。

如果孩子比较弱，可能会被欺负或者霸凌，陪读可以保护他、安抚他；如果孩子可能霸凌别人或者破坏贵重财物，陪读可以适时地控制住他；如果孩子有多动的表现，在课堂上坐不住，陪读可以随时带他出去玩，不干扰课堂。孩子的很多情况看起来特别复杂，解决起来也极其困难，但带陪读就可以有效地处理。

有一个小孩，上小学三四年级，患有抽动秽语综合征。他在学校经常闹，并且表现出攻击性，比如别人把他的笔碰掉了，他就会不依不饶地跟人家吵，如果发生这种情况，这节课老师就不用干别的，安抚他和同学就行了。这非常干扰课堂，折腾老师，也折腾同学。但孩子的状态已经不对了，一定会走上这条路，必须将攻击性释放出来。

后来我问他："你知不知道你什么时候快进入这种状态了？"他说他可能知道。我说："你觉得自己快进入这种状态，要出问题的时候，就往前调两个时间点，跟老师说'能把我妈找来吗？把我接走'。"学校老师也不愿意让他这么闹，不想让整个课堂都是乱的。后来家长就去跟老师谈，老师同意了。小朋友真的有一回状态不对了，他预见到自己可能快要出问题了，就跟老师说能不能先离开教室，把他妈找来，老师就把他妈找来了，他妈就带他出去玩了一下午，当时他的情绪就被安抚了，表现很好。

那次以后，孩子和家长才发现，原来应对的措施里还有这样一种，可以灵活地上学，也能解决问题。当孩子觉得不行、快出问题的时候，家长要去处理。家长要知道快出问题的时候孩子的表现，不能等出问题了再干预。已经出问题了，这时，孩子处在急性应激状态，很多操作其实是无效的，最多只能安抚。如果我们能做到在更早的时候发现问题，把他带出去，这个事就解决了。这其实不是

05. 要不要带陪读

太难，陪读就能做这个工作。

会不会被霸凌是要不要请陪读的分界线，只要孩子有可能被霸凌，就应该请陪读。有一个家长说她家孩子 8 岁，别的同学会一起打他，这种情况绝对应该请陪读，一定不可以让其继续发生。如果小孩很弱，胆子非常小、非常退缩，就需要请陪读。

有一位妈妈说她儿子快 8 岁了，在学校被几个男孩围着打。妈妈觉得自闭倾向的小孩很难让别人对他好，因为他们说话总是打击人，不顺着对方说，还特别容易惹事，很容易触动对方的神经。但其实他前面做的事情很可能就是一种攻击，进而招致对方的攻击，尽管他打不过对方。他的同学人际关系好，合伙打这个孩子简直太容易了。我让这位家长给孩子带陪读，她不愿意，也许是因为经济方面的原因。但这种情况我觉得一定要带陪读，否则解决不了问题。而且，一旦小孩在学校遭受长期的校园暴力，就可能产生某种被害妄想，这种创伤可能是将来出现精神分裂倾向的基础，真的变成严重的精神疾病就更难治疗了。那位家长说要找老师，实际上找老师的效果并不好。那些同学已经打完她孩子了，打都打了，老师最多让那些小孩不再打他，而那些孩子还不一定能有效执行，同时也没有办法让他们接纳他。这个孩子如此孤独，以至于需要去刺激别人让别人接纳他。这种情况我认为他就应该带个陪读，需要的时候陪读能安抚他一下，小事化了。因此，面对这样有风险的情况，应当让孩子尽可能地晚上学，如果上学就尽量带陪读。

陪读就像是孩子的一个"保镖"。这里所说的"保镖"是指心理上的"保镖",不是说在身体上多强壮,而是对于小孩来说,陪读是一个可依靠的成年人,一个依恋对象。像这样的孩子,他们的心智年龄非常小,还是一个小宝宝的状态,需要有一个成年人跟着,以确保他在心理上是安全的。因为他如果感觉不安全,他的眼神里会透露出恐惧,别人就能识别出来,然后欺负他。家长要知道这一点,然后去补救,这个补救很可能就是请陪读。

曾经有一位家长来找我,说他家孩子上一年级,有一点点精神分裂的倾向。他在学校里跟一个小女孩起冲突后,推了一把那个小女孩,对方撞到头流了一点儿血,最终也没有什么太大的事情。但那个小女孩也很厉害,被推完撞了一下以后转头冲他儿子说:"我做鬼也要抓你!"然后小朋友就出症状了,觉得他们家楼下所有的车都是警车。

家长说,他去问过精神科医生,对于这样的症状他们会按照精神分裂症的性质进行诊断性治疗,但我认为这更像一个创伤性的应激反应,他会有类似的被害妄想,可能也会有推倒那个小女孩的内疚、恐惧。另一个问题是,他爸爸那段时间在外地做生意,基本上是他妈妈在带他,所以小孩缺乏父亲陪伴,可能会有很强的不安全感。

我就跟他妈妈说,因为孩子安全感不足,还缺乏男性形象的关照,你要找人陪他。他们家从小孩出事以后就请了陪玩,每天下课之后雇一个男生,有的时候是大学生,有的时候是他们以前单位的同事,反正有人愿意挣这几十块钱。陪玩也不用教什么,只要接他放学，带他出去遛遛弯儿就行。这样带了好多年，他爸说就按 50 块钱一小时计算，也花了不少钱。

当小孩很弱的时候，他就需要心理很强的人支持他一下，陪读就是那个人。陪读不是为了校正他，而是为了安抚他，告诉他"没事儿，有我在，事情都能解决"。而所谓的影子老师，会真的去纠正孩子的行为，总是督促他专心听讲、做好作业、遵守纪律，小孩对这种老师会感到厌烦，所以我们不需要这种特教老师，而是需要一个安抚者、一个淡定的人。面对事情的时候，我们的态度应该是"这事儿不大，都能搞定，你只要依靠姐姐或者哥哥、叔叔或者阿姨就可以了"。当然我们也不能影响课堂纪律，如果有影响的话，我们就出去玩。

以前有一位来自香港地区的家长找我咨询，他请影子老师当陪读。当时学校的想法跟我是一样的，他们希望陪读老师安抚小孩，小孩受不了就带他出去玩，结果那位影子老师天天指点小孩，弄得孩子情绪不好，老师看出来了，学校也看出来了。学校对这个影子老师非常不满意，可是影子老师觉得自己特别专业，觉得校长和老师都不懂特教。结果是学校老师和影子老师发生对抗，各持己见，家长都吓到了。

家长和我说起学校老师和影子老师冲突的时候觉得简直是一场灾难，我和家长在上学这方面原先就有共识，让影子老师带着孩子，让孩子高兴就好，不影响课堂纪律就不需要太管孩子。但是影子老师觉得自己很专业，甚至自己的专业都可以凌驾于学校老师之上，

上学困难，怎么办？

想指挥学校老师按照自己的方式做。影子老师也不听家长的意见，影子老师觉得自己才是最专业的，所有人都得围着她的指挥棒转。等冲突发生时，家长很紧张，我和家长分析了一下，这个事情并不大，校长和老师只是不喜欢影子老师，觉得她对小孩太严厉了，校长和老师还是很喜欢他家小孩的，并没有想让孩子退学，估计他们的意思是要让家长开除影子老师。后来家长和影子老师解除雇佣关系，然后雇了另一个陪读，好像是个学舞蹈的，后来又到澳大利亚学了心理学的一位30多岁的男士，体力挺好，脾气也不错，还和小孩的班主任是朋友，这个陪读到位后，形势变好，没有那么多冲突了。

在陪读的领域中，各方的理念不一致就会发生很多冲突。家长花钱请的陪读不能执行陪读的功能，更多的是矫正孩子，和孩子、和老师、和家长都有冲突，这就是问题了。当然也有家长请陪读就是要影子老师这样的，家长和影子老师观念倒是一致，但是孩子很反感影子老师，觉得影子老师不是个帮助者，而是个迫害者，这可能会加重孩子的问题，而不是缓解孩子的问题，这完全违背了请个人照顾孩子的初衷。

我们希望的是什么？学校希望的可能是小朋友学习好，但我们现在的目标不是学习好，而是让小朋友在学校待下去。在这个过程里，小朋友要过很多个坎儿，比如说，他首先要知觉环境是否安全：当他有"保镖"在，知道别人不会真的欺负他，他就会觉得自己是安全的；如果没有"保镖"在，我们就要先确保他能知觉到安全。

05. 要不要带陪读

现在某些学校有的时候比家长还明白,原来都是家长主动跟学校谈要带陪读,现在知道陪读的重要性以后,很多学校要求家长带陪读,否则学校无法管理孩子。现在学校的这种观点的转变是因为他们逐渐意识到,从管理上来说,陪读对他们是有利的,可以让他们承担更少的责任。

在班级里介绍陪读可以有很多方式。需要先说明陪读的对象,再直接表达原因,即因为他有一些情况是需要特殊照顾的,所以带了陪读。在这件事情上,付钱的人是拥有话语权的。

同学们可能对同班同学能带陪读上学这件事有意见。有的小孩可能会说为什么他能陪读,我妈妈不能陪读;有的有问题的小孩自尊心强,可能不想带陪读。但是该带陪读的时候还是应该带的,即便他不愿意也要带,因为父母有评判自家孩子安全与否的责任和义务。当孩子处于不安全的环境中,在我们不能让他所处的外环境马上变好的情况下,我们必须用外力去干涉环境,这时候陪读就非常有效。真的请了一个陪读在孩子身边后,很多恶性事件便不会发生。

有些家长可能是在乎面子,觉得孩子带个陪读是有问题的表现,不太愿意跟大家介绍孩子为什么要带陪读,但是从长远来看,带个陪读对孩子的康复是有利的,尤其是需要防止霸凌的时候。如果孩子所处的环境不安全,家长应该至少请一两年的陪读以保证孩子处于非常安全的状况。

上学困难，怎么办？

如何选择陪读

家长可以自己陪读，也可以找人陪读。我不推荐家长亲自陪读，因为要是家长在学校里发现自己的孩子和其他孩子有差距，很容易被创伤。如果找人陪的话，要找心理素质好的，不要找训练师或者特教老师。实际上，陪读的选择非常考验家长的选人能力。

陪读的心理素质一定要好。我曾经接触过一位小朋友，非常闹腾，把年龄大一些的保姆闹得心脏病发作。还有一个小朋友，办理了随班就读，还带了陪读。刚开始他很少上课，没有出现什么问题，后来他上课多的时候出现了干扰别人的行为。当时他们坐的凳子腿可能是铁质的，他会不停地制造"哐当哐当"的噪声。我建议陪读带他出去，结果家长说还没等带他出去，陪读怕干扰到别人，就先开始紧张了。实际上，陪读不需要如此紧张，小朋友干扰课堂秩序，带他出去玩儿就可以了。

我们不需要训练师式的陪读。有个家长最开始请的陪读是训练师，小孩跟陪读关系不太好，后来再请的陪读是学精神分析的，对待孩子的态度就会特别不一样。作为家长或看护者，最讲究的是陪伴质量，即小朋友是否喜欢陪伴者。如果连被小朋友喜欢都做不到，只想着在技能上让孩子有多大的提高，这样的人就不太合适做陪读。

从另一个角度来看，陪读其实相当于孩子的保姆，但不同于做饭和打扫卫生，陪读保姆可不容易。以前有一个家长，他家的小朋友上幼儿园，保姆做饭、打扫卫生都很好，对小孩儿也好，于是他们家就把这位保姆升格为陪读的保姆。结果，过了一段时间，孩子就诱发了保姆潜在的精神疾病。现在正常的小朋友都能把老师气得没办法，何况有问题的小朋友，由此可见，陪读并没有那么好当。

陪读实际上是帮家长去照顾孩子，需要具备的技能比保姆高了许多。陪读的人际能力要好，以便于在社交中发挥润滑剂的作用，在学校跟各方都打好交道。考虑到小朋友可能不具备辨别力，或者是他的状况不太好，陪读有时要判断周围谁是有风险的，谁是没有风险的，还要评判当前的社交场合适不适合小朋友参与，不适合的话要把孩子拉得远一点儿。

孩子出现各种各样的问题也很考验陪读的应变能力。家长要找应变能力强的人做陪读，要明白并不是所有人都能胜任陪读这个岗位。

去哪里招陪读

招陪读的渠道很多，可以到家政公司、大学生人力资源或一对一家教等处招募，还有一些准备考研的人，他们可能也很愿意当陪读。如果孩子问题不大，就是胆小、退缩，正在被霸凌，只要课间看着他不被欺负就好，考虑到这个工作事情比较少、风险低，只需要陪孩子坐着，自己该看书看书，小朋友闹腾就带他出去溜达一圈，愿意做这个工作的人应该挺多的。除非小朋友有暴力倾向，这种比较难处理。如果仅仅是稍显弱势的小朋友，陪读就在他旁边给他一些力量,每天带他到处走动一下,小孩上课的时候,陪读就做自己的事情,比如看看考研的书,我觉得非常合适。

我知道的做得最好的陪读是一个备考艺术院校的高中女生。她备考的那一年就陪着一个小朋友瞎混,混得风生水起。陪读其实并不需要参加培训,这个女生好像天生有这种能力,她觉得陪伴不是个事儿。她跟小朋友的小学老师关系非常好,能打成一片,其他人际关系也很不错,所以她觉得陪读这活儿简直就是白捡钱。同样是陪读这个孩子,其他的陪读老师心脏病都快发作了,孩子在课堂上弄出点儿动静,陪读老师自己焦虑得不行。

还有一些人,比如学心理咨询的,也可以当陪读。陪读只需要在学校当个润滑剂,确保小孩没被欺负就可以了,还能拿几千块钱的工资,按时上下班,这样简单的工作其实是有人愿意干的。除此之外,陪读还能近距离观察孩子的发展变化,可以学学怎么带有问题的孩子,就当是实习,从而对儿童心理和教育有更深的了解。

除了陪读之外,还有陪玩。我有时会跟家长提议找陪玩,因为家长自己是陪不动的。如果家里经济条件较好,家长不应该把钱花在训练上,而是应该花在给孩子找陪玩上。哪怕是大学生爱心社,家长也要给人家一些钱,而且不能等陪玩熟悉之后再给钱,家长应该向陪玩付出的每一分钟支付费用。陪玩跟家长的交接存在一个过程,一开始陪玩可能只是旁观家长和孩子玩,然后才慢慢交接。比如,今天的一小时陪玩看着家长和孩子玩,而下一次的一小时陪玩跟孩子玩儿10分钟,以此类推,慢慢交接,陪玩看的过程家长也是要付费的。

　　有一个家长，给自己家的小朋友找陪玩，找得特别好。那次是她带儿子和母亲一起去伦敦参加培训，就找了一个导游当陪玩。导游每天带一老一小逛 1~2 个景点，回家之后继续陪着玩一会儿，付一天导游费。任何职业的人都可以做陪玩，家长不需要局限于老师这个人群，其实很多职业的人做陪玩都可能很不错，比如导游里就有很会陪小孩儿的，家长都可以试试看。现在导游行业不景气，跨行业找陪读和陪玩都很合适。

　　从我工作这么多年的经验来看，家长们还是不要在训练师或特教群体里面找，因为他们的工作目标不是陪玩、陪读，他们总觉得自己是专业的、要教好小孩儿，并不是平等地陪孩子玩。而我们现在招陪读或者陪玩的目的是带小朋友玩，不出事就行，要让小朋友快乐，愿意去上学，这样就可以了，其他的好处随缘即可，如果能多得些，就多得点儿，不能多得，其实也没有关系。

哪些孩子需要带陪读

　　上幼儿园和上学的小朋友请陪读的原因五花八门，有些学校老师很支持，有些则不是，通常有外显问题的、影响课堂的，老师现在都知道应该请陪读，但是内隐问题，老师就看不出来带陪读的必要，这就比较麻烦了。以下列举了一些需要请陪读的情况，家长和老师可以根据实际情况决定是不是要请陪读。

胆小、退缩的孩子

通常情况下，不是所有胆小、退缩的孩子都需要请陪读，但是如果胆小和退缩影响到情绪，严重到面临休学、退学，或有潜在精神疾病的倾向，就应该请陪读，陪读就是壮胆儿的。当然那些被校园霸凌，或者因为有类似被害妄想而攻击他人的孩子，本质上也是胆小和退缩的，我们不在这个部分讨论，之后会单独写到。

第一章开篇介绍的那个孩子，不愿意上学，完不成作业，在家情绪化严重，歇斯底里情绪发作，这种情况多半和胆小、退缩有关，在家里发起脾气来还是挺厉害的，可是在学校很可能会表现很好。我还见过一个小男孩抽动秽语，在家里每天上学之前骂妈妈，情绪不好，但是在学校是看不出来问题的。我认为这种孩子都应该带陪读，但就是这类孩子在带陪读这件事上很难让老师明白，毕竟在老师看来他们在学校里一点儿问题都没有，怎么都看不出来有带陪读的必要性。实际上，这些孩子的问题都火烧眉毛了，但说服老师真的很难。如果他们在学校失控了，大概率老师就允许带陪读了，问题是这些孩子就是压抑的，异常地压抑自己，宁肯回家发飙，也不在学校表现出任何问题，直到实在压不住了，彻底大爆发。

这类孩子状态不好的时候，如果学校和老师宽容一些，允许家长请陪读，可能就会很快度过这个阶段，如果是单纯的胆小和退缩，可能需要陪读的时间非常短，配合做一些心理咨询，康复效果会比较好。

05. 要不要带陪读

问题行为影响课堂秩序的孩子

如果小朋友上学影响课堂纪律、影响老师上课，这个时候基本上老师都知道需要带陪读了。

我见过几个多动症的小孩，上课严重影响教学，老师要求家长带孩子做心理咨询，家长觉得没有必要，老师觉得有必要。比如，老师上课背对着全班同学写板书，写完一回头，多动的小男孩不知道什么时候走到讲台前，然后抬头问老师，什么时候下课，老师气得不行。还有一个多动的小男孩，上课会下地乱跑，还会跑出教室，老师挺宽容的，说不跑出教室在班里跑跑也行，老师看不住，就让家长来陪读了，先是姥姥，然后是妈妈，最后是爸爸，都陪过，陪过之后家长承认孩子确实有问题。这类多动的孩子，带陪读的时间都比较短，问题不是很严重，心理咨询处理的是选择哪种可被老师和学校接受的多动表现，和老师谈判就好，也和孩子商量好，这类孩子不喜欢陪读的限制。当然，还是要解决这些孩子背后的一些焦虑的问题。

另一类孩子的多动，类似自闭倾向的就会比较麻烦，严重影响课堂秩序。最近一个家长说起，她的儿子开学三天成了学校的名人。第一天虽然有些小动作但是整体还好，第二天孩子整个人像疯了一样，不停地拍桌子和乱跑，老师根本没法上课。第三天老师让家长陪读，结果孩子表现挺好。

这类孩子的多动和扰乱课堂纪律的行为，基本上属于严重恐惧的，可以归为胆小、退缩的孩子，只不过他们已经压不住自己的情绪，直接在课堂上完全释放了。有这些外显的行为，老师认为可以请陪读，不然就劝退了，现在的融合教育不允许随便让孩子退学，那么退而求其次，学校和老师基本上是可以接受陪读的。

我觉得在请陪读这件事上，这类孩子比胆小、退缩和压抑自我的孩子有优势，老师看到了外显的行为，家长比较容易和老师谈判，孩子直接推动了请陪读的进程。

一般来说，如果陪读是孩子的依恋对象，能够在情绪上安抚孩子，让孩子觉得自己是有依靠的，他觉得安全了，情绪稳定了，外显的行为问题就会明显减轻。

被校园霸凌的孩子

无论是何种问题的孩子，如果在学校里有被霸凌的情况出现，那么就需要考虑带陪读。判断谁带陪读，是霸凌者还是被霸凌者，通常要看实际情况。如果是一个有暴力倾向的孩子欺负了很多个孩子的话，那么霸凌者带陪读；如果一个孩子被班里很多孩子暴力欺凌，那么这个被伤害的孩子应该带陪读。被霸凌者请陪读的钱应该是学校和霸凌者出，毕竟这算学校的责任事故，也是霸凌者应该做的经济补偿，做错了事的人应该受到惩罚。这都是我们期待的理想状况，但实际情况通常是被霸凌者家里自己花钱请陪读，学校能允许请陪读，很多家长都已经对此"感恩戴德"了。

在我咨询过的各类被霸凌的孩子里，什么情况都有，有些孩子本身没有问题，就是性格比较温和，也会变成被欺负的对象，可能这些孩子骨子里就有胆小、怕事、退缩的特点，在被霸凌的过程中继发更多心理问题。在被霸凌情况最严重的孩子中，最常见的是自闭症儿童，他们本身比较弱，而且表达能力比较差，不会告诉家长和老师，而且被欺负了，反应又比较大，会让霸凌者产生某种欺负人的快感，有这种情况一定要请陪读。

校园霸凌是绝对不能容忍的，这是不可触碰的红线。在我咨询过的孩子里，因为被校园霸凌，有些孩子会出现精神分裂症的迹象，会有类被害妄想。其实也不全是被害妄想，他们实际上正在持续被伤害，这会让他们把这种感觉泛化到各种人际关系中，对他们的生活产生极其严重的负面影响。

校园霸凌也是导致被霸凌者失学的最重要的原因，但对霸凌者的惩罚常常几近于无，导致被霸凌者完全得不到应有的保护，对于这个问题学校一定要重视。请陪读在某种程度上对于被霸凌者是一个比较有效的应对模式，可以即刻解决被霸凌的问题。

有攻击性的孩子

前面我们讲的是被霸凌的孩子，另一方就是有攻击性的孩子。到底应该是哪一方请陪读，这个要看具体情况。

如果孩子表现出攻击性就是因为他需要发泄愤怒，可能就和孩子被压抑的攻击性有关，或者是因为他们的家庭变相鼓励了孩子的攻击性。这种情况有可能是一个孩子攻击多个无辜的同学，那么就应该是这个有攻击性的孩子请陪读，不可能让被他攻击的每一个孩子都请一个陪读，这非常不经济而且陪读太多了，老师很难控制。这种情况请陪读是非常困难的，通常情况下陪读都不愿意接这类工作。

这类有攻击性的孩子，陪读也未必能拦住孩子的攻击性。在很难请到陪读的情况下，经常是孩子的亲属来替代，但效果通常不是很好，比如祖辈陪读，因为年龄比较大，体力跟不上，反应速度也跟不上，很难有效阻拦孩子攻击他人。而父母来陪读的时候，也会出现一些问题。通常这些有攻击性的孩子的父母，情绪很可能也不稳定，在学校面对冲突的时候，他们可能用各种有问题的方式参与进去。比如帮助自己的孩子攻击别的孩子，没有阻止暴力反而推波助澜，或者一看到孩子的暴力攻击，父母就激动，直接对自己的孩子施加暴力。家庭问题很可能直接暴露在学校。如果父母自身有问题的话，学校还是要让父母请外援来陪读，否则局面更不可收拾。

这些攻击性被压抑了的孩子，必须跑到学校来发泄的，学校应该建议这样的家庭进行家庭咨询，如果不解决家庭背后复杂的问题，孩子的攻击性很难得到有效的控制。其他孩子也有安全的需求，这些有攻击性的孩子和家庭要承担应有的责任。

除了一个孩子攻击多个孩子的情况，还有多个孩子攻击一个孩子的案例，其实很多孩子都有被压抑的攻击性，从众对他人做出攻击行为，享受攻击的快感，还能将自己的攻击性稀释在群体里，所以一部分孩子非常愿意参与对某个孩子的霸凌，类似于团伙作案。

这种情况，不太可能让每个参与校园霸凌的孩子都请陪读来看着他们不要攻击他人，比较适合的做法是请这个被欺负的孩子带陪读，但是这些欺负人的孩子的家长应该为自己的孩子做出的行为负责，包括向受害者赔付请陪读的费用，以及向受害者家庭支付做心理咨询的费用等。当然，这些参与校园霸凌的孩子，也应该和自己的家长一起去做家庭咨询，家长要认识到自己教育孩子的过程中出现的问题。父母要能有效限制孩子的攻击性。

还有一类孩子，本质上是被霸凌的孩子，但是到了青春期，他们的力量开始增加，在体力上能进行反击了。他们在反击的时候往往把握不好力度，结果大家看到的就是这个孩子的攻击性太强，已经没人关注之前别人是怎么欺负他的了。这类孩子请陪读的效果很好，陪读的存在，让其他孩子无法有效发起攻击，这类孩子就没必要进行反击，或者陪读有更好的反击方式，比如陪读会和老师谈，会和那些孩子的家长谈，这类孩子的反击手段会变得多一些。只要陪读在，基本上就能从根本上杜绝他人的激惹，孩子也就不会出现后续的反击。

以前我还看过一个国外的视频，一个高中的孩子暴力攻击老师。从视频中看，至少我觉得老师离这个有情绪问题的孩子太近了，孩子在身体上是有反应的，可能老师觉得自己是在帮助他，但是孩子觉得那个距离意味着侵犯。老师在他旁边站了一会儿，我感觉老师是想帮忙,并没有恶意,但是孩子忍受不了,跳起来暴力攻击了老师。这种孩子应该带陪读,而且陪读要知道孩子需要和他人保持多远的距离,让孩子觉得安全,陪读要帮孩子建立这个安全的距离,阻止他人离得太近,和其他人解释孩子需要的安全距离是多远,避免孩子的恐惧爆发、失去理智,进而暴力攻击。

有越界行为的孩子

越界行为未必是暴力的,有时与性有点儿关联。孩子虽然年龄小,还不能扣上违法的帽子,但一些越界行为也是大家不能容忍的。

比如,有人问过我,小学四五年级的男孩,在课间十分钟冲进女厕所,也许未必真的冲了进去,而是做出要冲进去的姿态。然后学校很紧张,他的同学很紧张,看到这个场景的人也很紧张,还有人会拦着他,男孩因此被强化,觉得这个行为很有意思。家长也会找心理咨询,想迅速解决问题,怎么让孩子压制这种冲动。我觉得心理咨询不可能立竿见影,家长需要立即做的就是找陪读,至少课间十分钟能有专人拦着孩子做这样的事情,之后才是做咨询,分析问题行为的背后到底是什么,可能解决背后的问题是一个缓慢的过程。

另外,我也见过不知道与人交往应该保持怎样的人际距离的小朋友,他们不觉得离他人太近是一种侵犯。比如,上四五年级的小男孩,会去抱同班的小女孩,他觉得他喜欢那个小女孩,可能还不止一个小女孩,那些被他抱的小女孩就觉得被严重侵犯了,虽然看起来这个小男孩本身没有明显的恶意,但是他这种越界的所谓亲密行为,在他人看来就是侵犯。我对小男孩讲"你不能随便抱小女孩、亲小女孩,得征得他人同意"。小男孩却说:"不问,问了肯定是不同意。"所以他知道这里面的逻辑,但就是控制不了自己的冲动,这个时候就应该有个陪读来阻止和限制小男孩的这个行为。

如果这类行为不能有效阻止的话,这类孩子就有可能由于班里其他家长的压力,而面临失学。

有自伤行为或某种疾病的孩子

有些孩子会因为压力而做出自伤行为,比如撞头、扯掉自己的头发,有的孩子会威胁说自己要跳楼,是真的做出跳楼的系列动作,同班同学就不用上课了,老师和同学都要去拦着他。这类孩子要带陪读,不要让压力达到自伤的程度再做处理,要提前把孩子带离压力大的环境,少上一些课,减少孩子的应激反应。

在压力大的情况下,还有一些孩子会以疾病的方式表现出来,也许孩子本身并不能把这些压力和疾病建立关系,但是我们还是要假定这个背后是有一定的关系的,比如癫痫发作、有的孩子还会因为血管痉挛而晕倒,这是非常危险的,如果没有成人监护,孩子容易发生危险。

自理能力不足的孩子

有些孩子到了 7 岁还不能控制自己的大小便，这类孩子估计也要带陪读，老师不可能一边给几十个孩子上课，一边给这个大小便失禁的孩子换衣裤。

也有一些问题没有这么严重的孩子。我听一个家长讲过，他的孩子是带陪读的，这个孩子通常没有大小便的问题，偶尔会发生一次。有一次上课孩子上不下去了，陪读带他去操场上玩了一会儿，结果他就在操场上脱裤子大便，陪读还挺淡定的，找了工具把操场打扫干净，直接忽视了这个行为，后续孩子就没再出现过这个问题。但是在自理方面偶尔出问题，也应该带陪读，幸亏这个孩子有陪读，平静地解决了这个问题，没有放大这个问题。

无论是哪种情况，陪读的目的都是给孩子、也给别人的孩子营造一个安全的环境，即不伤害自己、不伤害他人。同时，陪读也在很大程度上减轻了学校和老师的负担，尽量将对整个班级的干扰减到最小，让课堂有效地运作。

带陪读的阻力来自哪里

带陪读的阻力可能来自各个方面，孩子和家长不愿意，老师和学校不愿意，其他孩子和家长不愿意，陪读的资源有限，陪读的费用从哪里来，等等。

孩子自己不愿意带陪读

首先是从众心理，大家都没有陪读，就自己有陪读，看起来很怪，也容易被同学嘲笑是小孩儿或者是有问题的小孩儿。其次是陪读未必是来帮忙的，而是一个监工，本来这个孩子已经在学校过得很痛苦了，陪读作为监工让孩子更难应对，孩子会非常讨厌这类像老师似的陪读。

孩子的家长不愿意请陪读

同样的理由，从众心理，大家都没有陪读，只有自己的孩子有陪读，那不等于一眼就看出来自己的孩子有问题。有些家长掩耳盗铃似的，觉得只要不请陪读，孩子看起来就没问题。还有就是家长很难和老师去谈自己的孩子需要请陪读这件事，家长在这方面的人际交往有问题，害怕老师拒绝，虽然老师拒绝的情况确实很常见。另外，有些家长不愿意去请陪读，这个过程也很痛苦，如果有个有问题的孩子，不停地请陪读，对父母来说简直是创伤性的体验。也有陪读直接创伤家长的，有个家长说她请过一个学心理咨询的做陪读，结果那个陪读来了以后，倒是把她训了一顿，说她的孩子有各种问题。这个家长和我说没问题那还请陪读干吗，就是因为孩子问题大才请陪读，面试陪读的过程让她憋了一肚子的气。还有就是钱的问题，请陪读相当于父母其中一个人的工资，甚至更多，这是一笔非常大的开销。在家长的物质和人际资源都很有限的情况下，请陪读的阻抗最大。

孩子的其他亲属不愿意

尤其是孩子的爷爷奶奶、姥姥姥爷。有些老人早年生活困难，花那么多钱请陪读，有些老人从骨子里就是反对的，他们觉得破坏请陪读的过程，逼走陪读，就可以省钱了，可是这些老人自己又陪不了孩子。还有家长一直瞒着父母自己的孩子有问题，一旦请了陪读，父母就知道了，家长担心这会引发更大的问题。

来自老师和学校的阻力

大概十几年前，带陪读是非常少见的，老师没见过这种形式，最开始同意带陪读的学校和老师没有任何的指导依据，同意带陪读在学校教学机制中就是一种冒险。来自老师的最大的阻力，更多的是老师认为他们会被一个陪读的成年人看见。如果在一个封闭的机构中，不被看见，老师就不用表现得那么好，没有面对一个外来成年人的压力。有些老师在有陪读的情况下需要被迫限制自己攻击孩子的强度，需要花精力做印象管理。后来老师们慢慢发现陪读的好处，就是班里多了一个成年人，可以帮他们看着点儿，有事儿偶尔出去一下，有人盯着；有一个外人做润滑剂，老师面对的冲突也在减少，并没有因为这个有问题的孩子，让自己的工作更复杂了。

来自其他孩子的阻力

尤其是来自年龄比较小的孩子的阻力，其实是竞争。很多幼儿园小朋友害怕上幼儿园，不敢去，也想带个保镖一样的保姆，这个气势感觉很好，他们会回家和家长抱怨，为什么自己不能带陪读，为什么爸爸妈妈不能和他们一起进教室，实在不行请个人陪他们也行。这种抱怨或者期待，家长也会承受压力，也会反馈给老师，给老师造成压力。

来自其他家长的阻力

很多家长也有分离焦虑，担心自己的孩子在学校里受到伤害；而且有些家庭还有时间比较空闲的人可以做陪读，虽然没什么事情，但是感觉陪着孩子就会更安全些。那么，这些家长可能觉得，凭什么带陪读的那个孩子就有特权，他们也希望自己的孩子有这种特权。这种心态反馈到学校，也会造成学校的压力。

来自陪读的阻力

陪读更像是一个临时工，我没见过有人拿它当作终身事业的，毕竟工资不是很高，当然也有高的；也不是一个类似学校老师有保障的工作，所以我见过请好多年陪读的家庭，陪读来来去去总是换，非常不稳定。能幸运地请到稳定陪读的家庭很少，尤其是孩子的攻击性比较强的家庭，几乎很少有陪读愿意应聘；如果是胆小和退缩、没有其他问题的孩子，只是让陪读去帮孩子壮胆儿的，这种情况还比较好请陪读。

学校有特殊要求

我见过一些国际学校倒是同意请陪读，但是要求陪读要在学校里说英语，这个条件就太苛刻了，在这种情况下一些家庭好多年都请不到合适的陪读。

总之，请陪读会面临各种问题，看看上面这些，还没开始请陪读，就觉得心累了，家长回避请陪读也在情理之中。

父母自己做陪读还是聘请陪读

通常情况下，我不建议父母陪读，当然也会有少数父母做陪读做得非常好，但这绝对是极少见的情况。

作为问题儿童的父母，自己的孩子和其他孩子有明显的差距，父母每天在学校面对自己的孩子和其他的孩子，每天在比较中，这个过程很容易让父母的心理失衡。知道是一回事，每天都看见又是另一回事。如果雇一个陪读的话，毕竟陪读面对的是别人的孩子，父母的焦虑会大大减轻，孩子也会感觉舒服些。父母的焦虑水平很高时，孩子会吸纳这种焦虑，孩子的情绪会更不好。

还有关于保住工作这方面，宁可请陪读也要上班。尤其是孩子的母亲，毕竟以我们目前的情况和机制来看，万一婚姻出了问题，那么作为不上班陪读的母亲，处境就更糟糕了。保住自己的工作，给自己的未来托底，无论是对于母亲还是孩子来说都是更安全的。当然我们主要说母亲的原因是，在大部分情况下，孩子出了问题，是母亲辞职带小孩。我也看到过父母都辞职，觉得多带几年就能解决了，这个不好说，不要冲动离职，要做好"长期抗战"的准备，家有余粮心里才能不慌。

问题儿童的父母如果能上班，就能让自己和孩子在一定时间内做心理上的分离，如果时刻绑在一起，不良情绪在父母和孩子间传染，可能会放大问题。父母也要有一定的逃避时间，父母也要有喘息之机，父母要让自己活下去，这样才能更好地保护孩子。

问题儿童的父母能够在上班的时候，接触不一样的人和不一样的信息，可以把自己暂时从狭小的、只与问题儿童交往的环境中剥离出来，拓展自己的人际空间，丰富自己的生活，能让自己更健康些。我很反对问题儿童的家长们总在一起，环境里的不良情绪也会互相传染。有机会还是要和普通人在一起，就跟我倾向于让问题儿童进入普通儿童的生活学习环境，这样问题儿童就会下意识地去认同普通人。

还有就是问题儿童的父母所做的工作基本上都是比较有保障的工作，比如有五险一金的工作、连续工作算工龄的，就算把大部分工资都给陪读，也还是有养老保险，等等。

一般我都会劝家长不要轻易辞职，尤其是不要两个人都辞职，背水一战的感觉很危险。能请陪读就要请陪读。

陪读谁来请，费用谁来出

陪读可以是出问题的孩子父母来请。我前面也说了，如果孩子是一个霸凌者，他们的家长不想请陪读，学校可能也会指定他的父母请陪读。有些学校采取融合教育，特殊学校也会派老师帮助普通学校在特教方面的工作，但是多半不是陪读，而是指导普通学校的老师怎么理解和接纳这样的孩子，通常是增加普校老师的压力；如果有相关的经费支出，还不如转化成支持请陪读的费用，相关政府部门如果能有这笔拨款就最好了。

当然，从目前的状况看，多半还是孩子的父母请陪读，父母的经济压力是非常大的。当然陪读是谁请的，情况还是非常不一样的，毕竟出钱的人有更大的话语权。虽然问题儿童的父母压力大，但是对于陪读的工作方向有非常大的话语权。任何事情都是好坏参半的。我还是建议问题儿童的父母是请陪读的主体，如果政府、学校或者其他相关机构能拨出部分请陪读的费用，是我们最欢迎的。毕竟减轻父母的经济负担，也会让父母的心理压力降低，有利于父母更好地陪伴孩子，孩子的康复机会也会更大。

陪读的问题，不只在本章讲到，我也会在其他章节中反复讲，毕竟陪读是某些孩子上学出问题之后，解决问题的行之有效的手段，这方面的机制还需要各方磨合和完善。

家长怎么和老师沟通

家长的角色和沟通目标

家长的角色：安抚者

与老师交谈的时候，家长一定要知道自己是一位成年人，而不是一个受害者。家长要做一个安抚者，安抚老师、安抚学校，要起到润滑剂的作用，让学校用最没有负担的方式带自己的小孩，让老师的生活更简单、更容易操作。

很多家长经常担当什么角色？不是安抚者，不是中间人，不是类似咨询师的角色，而是一个被创伤者，被孩子的症状创伤了，需要老师、学校、所有人安抚自己。我经常对家长说，"你现在应该表现出的状态是一个成年人，而不是一个丧失了所有能力的人。你不能表现出我被创伤了，你们都应该安抚我，你要对我孩子更好，以缓解我被创伤的症状"。

如果家长的认知是刚刚描述的那样，那就是不对的；家长如果盼着其他人当自己的咨询师，是不现实的，尤其是老师。家长们要知道老师每天已经很痛苦了，面对家长、学生、上级的各种要求，他们已经焦头烂额。这时候要是你成为一个这么严重的"患者"，老师哪能管得了你？家长千万不要把自己放在一个患者的位置上，觉得"我已经很惨了，你们都应该来照顾我"。不对，你是一个成年人，你要去解决问题。

大家知道很多训练老师最受创伤的是什么吗？是家长老跟他们抱怨，让他们义务做家庭治疗，让他们听许多负面的信息，他们也不知道如何处理，结果他们就因为听了家长的创伤性经历而受到了继发性的创伤。我们发现，自闭症训练这个行业要做到"非常冷血"地屏蔽家长的抱怨，才能长期维持下去。家长不停地找他们唠叨、诉苦，谈自己的恐惧和焦虑，实际上是在投射家长自己的创伤，听的那个人也会被创伤。

家长要知道跟老师沟通时可能的风险是什么，我们不希望孩子所在学校的老师被家长创伤。家长有创伤需要处理的话，应该去找专业人士，而不要把不切实际的幻想和自身的创伤投射到老师身上，否则要么是老师得心理疾病，要么是老师扛不住时"虐待"你家孩子，且这种"虐待"可能是无意识的。

06. 家长怎么和老师沟通

沟通的目标：降低老师的心理压力

家长跟老师沟通的核心目标是降低老师的心理压力。家长要跟老师沟通，基本思想是：我们家孩子尽量不影响别人，不伤害他人，也不伤害自己，不破坏贵的财物，即不违反"养育三原则"；我们家长对孩子的学习成绩、作业没有要求，只要孩子能安全地待在学校里就行，大部分的事情老师不用特别管我们；我们家孩子是慢热型的，我们希望老师能给孩子一些时间，慢慢陪他成长，我们也不需要急着达到一个更高的水平。老师听完当然可能很迷茫，很多时候这是不在老师的认知范围内的养育或者教育方式，但是如果小孩上学明显有发育滞后或者其他身心问题需要被特殊对待，我们要明确地告诉老师，且尽可能简化老师的工作。这样对于老师来说，照顾特殊的孩子，一般不会比带其他孩子更费力气。如果孩子给老师带来了麻烦，我们就带陪读解决，不给老师添麻烦。当然，老师可能会觉得，这样的家长很奇怪，没有上进心，态度也很特别，我当年咨询的一个家长这样和老师说之后，老师的反应就是这样的。好在孩子妈妈是个企业家，在当地比较有影响力，老师也就听从了她的意见，按照她的这种不上进甚至有点不靠谱的逻辑做了。过了两三年，那个小男孩适应得越来越好，老师就反思家长说的是对的。其实老师面对新生事物也在不断学习，老师并不是站在家长的对立面，很多老师他们的本心也是想对孩子好。

要不要办随班就读

随班就读，如果学校需要就办，不管它是不是进档案。尤其是一些有自闭倾向、发育迟滞、智力障碍、情绪问题的孩子，可能需要办理让他们的成绩不计入老师的业绩的手续。

当老师可以不管你家孩子的作业，考试成绩也不计入老师业绩时，最起码老师是没有负担的，心理压力也比较小。好多特殊儿童的家长觉得"我孩子有问题，所以你要对我孩子特殊照顾"，这个特殊照顾是指老师对他们家孩子要关注更多，这样的对老师的期待是没有必要的。我们的目标是要降低老师的心理压力，千万不要本末倒置。家长应该表达的是，"虽然我送来的是有问题的孩子，但不想让老师增加压力，我会想办法减少老师的压力，老师不用怕我们不写作业或者考试成绩差，也不用管学习成绩，老师可以省很多事，我的孩子是需要特殊照顾，但是这种特殊照顾并不会增加老师太多的负担"。

跟老师沟通的时候，如果你家的孩子是一个特殊孩子，你需要看一下孩子会给老师带来什么样的损失。比如说你家孩子的学习成绩可能影响老师的奖金，这在过去是很正常的，因为评价系统就是这样，不知道现在如何。如果孩子有非常严重的问题，不管是什么样的问题，很可能会影响学业成绩，而成绩是衡量老师教学水平的标志，和奖金关系密切，这时候你就要想办法弥补，用一些方式做相应的处理。并不是说你要给老师送礼，而是说可以根据需要开随班就读证明。自闭症小孩最有可能开随班就读的证明；多动症如果特别影响孩子的学习成绩，也可以开随班就读的证明。只要开随班就读的证明，成绩就可以不纳入统计，这样就不影响老师的业绩，老师可以管你也可以不管你。其实老师不管也没什么关系，家长自己不要被"老师不管我的孩子"这件事创伤，就没有太大的问题。

如果给孩子开随班就读的证明，孩子的成绩不列入统计，老师的体验会好很多。否则老师会觉得你的孩子在这儿就是拖后腿的。而现实是孩子的成绩不可能迅速提高，老师会很绝望"我们班怎么会有这么个学生"。

家长实际上不太愿意让孩子随班就读，因为这个证明就相当于一个残疾证明，据说会记入档案。但是如果不开随班就读的话，老师的体验就会不好，进而增加对小孩的攻击性，那还不如随班就读。我对随班就读的态度是比较开放的。当然现在"双减"了，不知道是不是可以通融，不开随班就读证明老师也不会介意成绩。

有家长说如果开精神残疾的证明，比如说自闭症，将来这辈子孩子都可能戴着精神残疾的帽子，但我觉得这不是问题，要是孩子将来康复了，去医院诊断一下就能"摘帽"，其实没有什么问题的。

怎么和老师说

家长跟老师谈判和沟通的时候，要说的内容包括：请老师帮忙

上学困难，怎么办？

看住孩子，不要让别人打我家小孩；我们不在意学习成绩；老师不用特别管我们；我们对老师没有特别高的期待；有些决策我们会做好，老师帮忙配合一下就好，不用花特别多的心思。

不要让其他孩子打他

特殊儿童的家长从整体上要给老师减负，但是有一个负担是要增加的，就是别的小孩不能真的打我们的孩子，暴力是不可容忍的。这一点家长们要跟老师详谈。家长沟通时的基本态度应该是：其他的都可管可不管，我的孩子基本上是处在学习成绩垫底的状态，他的学习成绩可以不好、没关系，从小学一年级到六年级一直是最后一名都行、没问题，但孩子不能挨打。我的孩子是胆小、恐惧的孩子，我们首先要做的不是让孩子好好学习，而是得先让孩子觉得上学没什么风险，基本上能达到这样的水平就可以了，这样之后学习才能真的跟上。所以得麻烦老师看住别人不欺负我们家小孩，安全是第一的，其他没有什么太大的关系，如果老师看不了的话，我们请陪读。

我们最担心的是小孩被校园霸凌。小孩被霸凌、被创伤以后可能会有很多问题，比如被害妄想、精神分裂、抑郁(不知道怎么应对，很无助，对环境有失控感)、创伤后应激障碍，这些都是我们负担不起的后果。因此，老师需要尽可能保证环境的安全，我们的孩子不能被欺负，我们也不欺负别的孩子。

如果同学只是语言侮辱两句的话，后续还可以处理，咨询师可以给小孩解释，也可以给家长解释，事情可能没有想得那么严重。但是动手就会很严重，威胁要动手也很严重，因为一个人威胁动手，被威胁的人不知道自己会不会真的被伤害。比如在一个恶性事件中，一个小孩被霸凌。霸凌者的父母在当地挺有势力的，霸凌者威胁那个孩子"明天我还在这儿等你"，结果被威胁的男孩太害怕了，第二天去的时候带了把刀，不知怎的，就动手了，霸凌者当场被捅死。实际上霸凌者可能只是威胁，也可能是真的要做，但是受威胁的那个人不知道他的威胁会实践到什么程度，结果有可能过度防御，也有可能是正当防卫。当受害者反击力度很大的时候，事情就可能失控了。当然也有被伤害、被威胁的孩子发展出心理疾病，然后退学的，这种情况更常见，这些是我们最需要避免的。

我们不在意学习成绩

有些老师可能特别想教孩子点儿什么。有的老师会说："我觉得你家孩子挺好的呀，什么都能听得懂，他都落下了，我抓一抓是不是就好了？"家长千万别让老师抓。有的家长可能会觉得这种老师很好，像一个救星，但这真的对老师、对孩子好吗？碰上这种情况，家长需要赶紧安抚老师，告诉老师我们不着急，把基础打牢一点儿，等我们想让您抓的时候，我们会跟您商量的。抓学习这件事真的要往后挪，不要只争朝夕，家长要把孩子的情况维持平稳，环境安全建立好再说。

收费的老师最有可能出现这样的想法，比如补习班老师就特别想提高孩子的学习成绩，觉得成绩不提高就是对不起家长，因为家长交了钱。可是有些家长并不需要这种结果，家长一定要提前和老师沟通清楚。早教班也是如此，布置的任务孩子要是不完成，老师可难受了，觉得自己没能兑现承诺。这时候家长就要出面了，要跟早教班老师谈一谈，说"我们就想观摩一下别的小朋友怎么玩的，我们能做多少就做多少，你一样收钱就行了"。

我遇见过这样一个小朋友。她比较弱，没有别的毛病，就是不愿意在各种培训班、早教班里发言。我说没关系，我们就是交了钱混进去，混到群体里看热闹，就像别人在台上表演，你在底下坐着看戏应该交钱一样，没有问题。家长就交一个看戏费，跟老师说清楚，让老师别有负担。

这个小女孩上小学后，他们班老师开免费的网课，大家主动报名，老师一次带七八个人，她就报名了。大家课上都要发言，一到这个小女孩就卡壳，她不愿意发言，然后老师建议她不要继续上课了，家长也希望孩子要么退出，要么能遵守规则发言。在这里其实存在一个"不遵守发言规则"的中间地带，家长只要跟老师说"老师你讲你的，我们就是来旁听的，我们愿意说就说两句。要是问两句她不答，你当她说过就好了，没事的。我们愿意参与这个团体，孩子不愿意退出"就可以了。当时女孩妈妈很惊讶，不知道还有这种解决方法。她最后和老师去谈了，孩子不发言也行，只是旁观。

当年我认识一个家长，妈妈在加拿大带着女儿，女儿长得很漂亮，5岁左右。外国小朋友都去参加合唱班，是要交钱的，她女儿

06. 家长怎么和老师沟通

也去参加了，但是她不唱，还在里面晃，人家说"你不唱，我收了你钱也不对，你还是别来了吧"。孩子还要去，我跟家长说，你家又不缺钱，你去跟老师说："我们就是来参加团体活动的，在旁边听我们也交钱，我们是这里的一份子，哪天说不定就进去唱了呢，我们先旁听一段时间。你不用内疚，我们没有过多要求。"她交了钱，在旁边待着，说不定一两年后她就进去唱了，没必要非得让孩子真正去参与。愿意进入团体这件事本身，就是值得鼓励的。后来小女孩也加入合唱队伍跟着唱了。

很多老师和家长都抱着全或无的想法，觉得只要参与了就要做好，要么就不参与、什么都不做，不能处于中间地带。实际上孩子完全可以参与，同时只做一点点，或者什么都不做，只是旁观。怀着愉悦的心情旁观，人生也可以很美好，其实这样做也没问题。所以说可选择的状态有很多，家长首先要说服自己，然后告诉老师"我们不在意学到了什么"。我们并不是要在两个极端选边站，而是确定我们能接受的边界水平在哪里。

再讲一个例子。一个6岁的小男孩，胆小、退缩，他妈妈带他去骑马。第一次去的时候，他妈妈也不知道他能不能骑，就和教练商量，我们能骑就骑，不能骑在旁边看看马、喂喂马，我们也付一次的钱，教练很痛快地答应了。付钱的人说了算，而且也没增加教练的负担，教练表现得很合作。结果小朋友因为没感受到什么压力，就上马了。后来家长和教练谈时间，正常一次课是45分钟，家长说孩子年龄小，我们出半价每次只练一半的时间，教练也同意了。

老师不用特别管我们

如果一个老师非常关注某一个小孩,做了很多工作,但没看到成效,就容易发生"虐待"。为了不让任何可能的虐待发生,家长一定要把对老师的期待降下来,说服自己"老师不用特别管我们",也明确地和老师商量,让老师不需要特别管我们的孩子,只要保证孩子的人身安全,对孩子表情好一点儿就可以了。

有的老师会说:"你看你们家小朋友多动,我把他放在第一排,他只要动,随时我就管他。"老师可能不知道这种情况会把本来就紧张、已经有逃避行为的孩子,弄得更焦虑。孩子随时被监视着,状况可能会更加糟糕。要求他跟别的小朋友一样,做到最好,他只会表现出更差的行为。我们要让孩子尽量减少压力,也尽量减少老师的压力,跟老师谈好一个折衷地带,找到一个平衡状态。多动的小孩的平衡地带,并不是时时刻刻看着他、让他集中注意力,老师可以提醒一下说"哎呀,你走神儿的时间是不是太长了?回来一会儿吧",像这样以好玩儿的心态说一下,对孩子的冲击比较小。但是时时刻刻提醒他的话,就变成了监控,会增加孩子的紧张程度,提升焦虑水平。

有的家长其实是过不了自己这一关。有的家长担心:"我们不让老师管,老师忽视我们怎么办?"老师一旦忽视孩子,有的家长就会被创伤,觉得"老师不公平,我们家小孩受虐待了"。家长千万不要这么认为,老师不理你的孩子,你不仅要劝自己,也要向孩子解释一下:"被老师忽视不用感到受伤,爸爸(妈妈)倒是希望老师不太理你,因为如果老师理你的话,你更受不了。老师理你这件事其实会加重你的心理压力,你可能还会感觉老师在逼迫你学习,会提问你,万一你不会怎么办?谁能保证提问你,你就一定会?提问你而你不会的话,你能承受得了吗?"大家都是两害相权取其轻的。我们希望老师多多少少忽视我们一点儿,我们还是先"溜边儿"。并不是说老师天天盯着并提醒孩子就是好的,老师给孩子的压力越小,孩子自我修复的机会就越多。

家长可以跟老师说:"不用总提问我的孩子,对他表情好一点儿就行了,其他没有关系。"医院里的病人家属为什么老想用红包去"买通"医生?因为如果医生的表情好,病人看到之后心情就会好很多。

帮老师做决策

班里如果有特殊孩子的话,老师会承受特别大的压力和痛苦,因为老师不知道该怎么对待这个孩子。比如,一个有抽动秽语的小女孩,一方面害怕被老师提问,害怕自己一旦说错了,全体同学包括老师都不喜欢她;另一方面又想被提问,希望老师能喜欢她。她内心有这种冲突,想要被提问,又不想被提问,把自己搞得特别紧张,导致上学都变困难了。老师也很难选择,提问小女孩的话,怎么保证提的问题一定是她会的?她一定能被表扬呢?万一她不会,她不就受不了了吗?不是老师不想对孩子好,老师也是想解决问题的。

所以我们就要帮老师做决策,告诉老师怎样做就可以了,告诉老师您不用花费很多精力去想解决方案。比如，对上面这个孩子，我建议家长跟老师谈的内容是，我们在一段时间内(如一个月之内)先不提问，也跟孩子说老师这一个月之内不提问你，帮孩子平衡好心态。但这种状态不是永久的，要让孩子知道，一个月之后我们还可以重新和老师谈。

这个孩子在我这里咨询，是我跟孩子直接说的。"你这样可不行，肯定要做一个决策了。你妈会跟老师说好在一个月之内不能提问你，你想被老师表扬这件事也只能先算了。你想被表扬、被重视很正常，但付出的代价太大了，有可能会让你的精神都崩溃了。你如果不需要发言，也就没有那么紧张了。将来如果你觉得舒服了，觉得没什么问题了，能顶得住发言有可能表现不好这种压力，我们也可以跟老师再要求适当提问你一两次。我们到时候试验试验，能行我们就继续，不行就再回到不提问你的这个轨道上。上学就去凑个热闹，听听故事，玩一下就好。"这样她就能上学了，紧张这事儿就不是特别大的问题了。我们没办法以小朋友幻想的最优方式来解决他们内心很纠结的事情，家长和小朋友都希望老师又提问到她、又能问到她会的点上，然后还能恰当地表扬她，这种期待太复杂，不具有可操作性，有可能会弄巧成拙。我们可以做的一个最简单的决策，就是和老师商量一个对老师没负担的方式，孩子也可以相对安全，至少不提问，孩子就不会出错。她只是暂时失去了被老师表扬的机会，但是避免了恐惧，也就避免了她不敢去上学且可能休学的后果。当然这也是事先和孩子商量过的，家长和老师沟通后，也告诉孩子沟通后的结果。

所以家长需要当一个决策者，成为孩子和学校之间的桥梁，帮孩子沟通她能从学校得到什么。家长让老师一个月内不提问孩子，孩子就不用担心自己可能会被批评。孩子也会知道，不提问自己肯定不会说错，不提问也不是因为老师不关注她，而是妈妈要求的，所以不会继续被创伤了，心里会安稳很多。

我们做的决策最好是一个很简单、很好操作的决策，是老师能做到的。不要给老师一个任务，告诉老师我们家孩子有自闭症，给老师放一厚摞书，然后跟老师说"你看看吧"，老师很难知道该怎样做。如果你再给老师放一摞抽动秽语综合征的书，"老师你先读读什么叫抽动秽语综合征"，那可能孩子没恢复，老师先崩溃了。老师其实也想减少麻烦，老师估计不想把《变态心理学》都读一遍，各种流派怎么解释都了解一遍，只想知道解决方法是什么，简单易行、可操作的是什么。当然也会有老师很别扭、很执着于自己的那一套，跟家长较劲，但大部分的老师还是挺合作的，谁不想生活得容易一点儿呢？

家长告诉老师的方法是让老师减负，也让家长减负，双方在中间追寻可谈判的地带。有一些情况要跟老师去沟通，比如遇到特殊的环境该怎么办。曾经有一个小孩，他们学校要上公开课，老师本人很紧张，反复备课和演练，情绪不太好，小朋友们也很紧张，有问题的小朋友能知觉到这种紧张。越紧张越容易出错，老师越担心自己会不会出错，就越会出错。像这种情况，家长就跟老师先谈好，"凡是有这种大型的、可能很紧张的情境，我们家孩子就不参与了"。家长提前把孩子接走，或者那天孩子就不去上课。

作业量的问题也需要家长去跟老师谈，然后告诉孩子结果。我们的底线是，不管学习成绩好不好，第一原则是孩子不失学，不影响到大家，能够在学校里待着。做不完作业可以容忍，在底线之上的都可以谈。比如可以跟老师说孩子现在完不成作业，就先不做了，或者先做三分之一之类的。我们不说永远不做，可以跟老师谈两个月之内不做或者就做三分之一的作业。到两个月的时候，看情况，如果孩子能多做点儿，就提高作业量，如果状况不好，就继续维持低水平的作业量，然后把和老师沟通的结果告诉孩子。

很多临时性的压力场景，比如孩子害怕上公开课或者参加大合唱之类的，家长跟老师谈得好、谈对了，这种问题可能只是一过性的。如果是孩子持续有的问题，我们谈对了，就等于给孩子一个特殊的、好的微环境，孩子会在这个环境里面慢慢成长、慢慢康复。

不要说什么

在跟老师沟通的时候，家长要有一定的保留，孩子到底有多严重的疾病，不需要全都跟老师说。以自闭症孩子为例，我见过的处在康复期的自闭症小孩，如果没有什么特别的情况，我其实不建议家长跟老师说孩子是自闭症。你告诉老师病症的名字，比如自闭症、抽动秽语综合征，老师当场就蒙了，老师还能把诊断标准学一遍吗？实际上老师也不知道那是什么病，说了名字反而还有"贴标签"的

06. 家长怎么和老师沟通

风险，将来如果老师很生气，可能会说"你看你自闭症才这样的""你抽动秽语才这样的""你多动症才这样的"。你给了老师一个标签，老师有可能乱贴，周围人也可能乱贴。

家长自己要知道孩子现在处在一个什么状况，有什么具体的表现，然后跟老师说孩子有什么现实问题。比如，抽动秽语综合征孩子的家长可以说，"我们家小孩现在很弱小，比较退缩，但我们又希望他能上学"，这样能减少老师的麻烦。

类似地，小朋友如果有多动症，我们不是要告诉老师"孩子有多动症"，而是说我们如果乱动了，希望老师配合的处理方式是怎样的。家长沟通的目的是让孩子在大家都可接受的范围内能动一动。家长可以跟老师说孩子在现实生活中有什么问题，比如说他喜欢多动，可能有点坐不住，可能上课的时候不老实，我们选择的方式是带陪读，他坐不住的时候让陪读把他带走，不影响别人。有的时候他可能会有人际退缩，不太爱说话，所以请求老师不提问我们，孩子不用发言就可以了。对多动症的小朋友来说，我们不能把"动"全部禁止，完全不动的话，事情就麻烦了。

孩子有什么样的症状，就解决什么问题，我们要及时跟老师沟通。比如说有些孩子在康复期，尤其是自闭症小孩，在某一段时间内他们的攻击性会增加，而这种攻击性可能指向任何人。在咨询时，孩子的攻击性会更多地指向父母，这相对比较好处理、好接受；但有的时候指向老师(一般是非暴力的)，老师可能就会很不耐烦，如果是暴力性攻击，那孩子可能就面临失学了。比如说孩子上课总挑

上学困难，怎么办？

老师的刺儿、接话，这种行为真的非常令人厌烦，我们就需要做一些准备。比如一个我咨询过的小学生，在康复过程后期他的攻击性开始发展起来，在外面喜欢贴着别人玩儿滑板车，很吓人，尤其喜欢对别的小孩这样做。他的技术倒是练得炉火纯青，不会压到人，但是以危险的距离从别的小孩身边滑过，把别的小孩吓得一惊一跳的时候，他的心情会变得很好。同时他在学校里也会跑着跑着故意撞到别的小朋友。在这个时间段，家长要提前去跟老师沟通，让老师有预见力。预见什么呢？让老师提前知道孩子的攻击性什么时候会增强，就多看着孩子一点儿，力图把孩子和别人隔开一点儿。当然这种孩子我还是强烈建议带陪读，这也是对其他孩子负责任的做法。家长也需要对其他孩子的安全负责任，尤其是在自己的孩子可能有攻击性的情况下。那个小孩没有那么强的暴力倾向，不是打人有多狠，只是故意的去撞一下。那个小孩是有陪读的，陪读也会注意这个事情，尽量做到让他和其他孩子在身体上保持适当的距离。这个时候要求老师和陪读的警惕性都要提高一点点，其他情况不严重的时候，不需要如此警觉。

　　我以前见过的另一个小男孩，他的攻击性特别强，真的会去打人。我们在大草坪上走，他看见旁边有一个小女孩在和父母玩，就想往人家那边凑，我就赶紧拐过去挡住他朝那边走的路，让他离小女孩远一点儿。我知道他有暴力倾向，我也清楚在这个时间里，我并不能真的控制他的暴力倾向，我很可能就要隔离他一下。在这个阶段，家长也可以采取休学在家待一段时间的措施。如果处理得好，

06. 家长怎么和老师沟通

也许两三个月这个事情就结束了，如果真的是攻击性持续很强的话，有可能会导致退学，这是很多小孩不能上学的主要原因之一。所以，我一直认为儿童针对他人的暴力倾向一定要优先处理，当然以预防为主，就是儿童早期养育不要遭受家庭暴力或者其他的可能暴力，家长也不能变相鼓励孩子的暴力行为。

如果家长明明知道孩子有暴力倾向，还不告诉老师和其他相关的人，将来惹的麻烦就会更大。如果孩子不可预期地把别的孩子给弄倒了、弄伤了，别人感觉会更糟糕，老师也会更愤怒。家长要是提前让其他人有心理准备，大家的接受程度会高很多。

有些情况家长没必要告诉老师，比如说小朋友在家喜欢打游戏，而老师又特别讨厌学生打游戏，孩子偷偷玩两下，家长装作不知道就行，家长不要把每件事情都跟老师说。家长向老师暴露小朋友在家的缺点，小朋友就会觉得家长是背叛者，这种暴露可能直接导致有些孩子不去上学。

还有一点，家长不能跟老师有太密切的关系。有一次我们实验室访谈的时候发现，受访者是老师家的孩子，他就说上学的时候当老师家的孩子非常可怕。老师们都是一个教研组的，没事儿就互通有无，他所有的隐私都会暴露在老师的视野之下，暴露在妈妈的视野之下。家和学校没有分隔，对他来说其实非常不安全。

很多家长非常希望知道孩子在学校里到底发生了什么，有些家长就会请各科老师全部到场，在一个桌上吃一顿饭，结果孩子所有的事情妈妈全知道。这种让小朋友没有秘密可言的情况，尤其在青春期这个阶段，对孩子的影响是非常负面的，需要格外慎重。

要不要把所有的症状都告诉老师？我觉得不是很必要。有家长跟我说，国际学校挺开放的，要不要跟全校同学说一下，她家小朋友有自闭倾向，让大家对他宽容一点儿。我说："还是不要了，你知道全校同学都是什么人？你能控制得了全校同学的嘴吗？你怎么能做到让全校同学都没有恶意？你根本不可能控制这件事情。"我们还是应该选择性地和老师说我们的症状和需求。

从这个章节可以看出我们对家长的要求很高，家长要在和老师沟通这件事上讲究技巧，知道自己能要求什么，什么是可以舍弃的，同时努力减轻老师的压力和负担，也给孩子创造一个安全的生存空间。家长在孩子出问题的时候，自己已经处在了被创伤的位置上，但是还要起到桥梁的作用，帮助孩子和老师沟通。在孩子和老师面前，家长都是强大的、可靠的安抚者，但是家长也不是超人，家长也需要心理上的支持，家长需要从其他家庭成员或者心理咨询师这样的助人者身上寻找安抚和社会支持，但是不要做反了，幻想从孩子和老师身上得到安慰，他们不是心理咨询师。

学校和老师的管理机制

校园安全的管理机制

从成绩到校园安全——学校态度的变化

老师和学校现在也在慢慢总结,什么样的态度是对的。从教育部开始推行"双减",就能看出淡化学业成绩、减轻学业负担、给孩子更宽松的学习环境的发展倾向。以前,所有对学校和老师的管理和考核都围绕学生的学习,只看学生的学习成绩好不好。如果学校对老师的考评是围绕班级所有学生的成绩来定,那么老师就会逼迫学生,越逼迫学生的老师越可能是先进和标兵。可是学生的学业水平不是由老师和学校决定的,还和学生自身有关,包括学生的遗传智力水平、身心发展状况、家庭背景,老师并不能控制其他相关因素。

上学困难，怎么办？

一个学校在小范围内可以重视学习，可是就算不重视学习，也不会发生什么灾难性的事件。但是学校发生恶性事件，尤其是涉及校园安全，就很容易受到社会各方关注。因此，学校也要重新考虑校园安全这个大问题。家长也要明白，排在学业成绩之前的，是孩子在学校的安全，安全要提到成绩之前，学校、老师、家长、学生要共同营造一个安全的校园环境。

曾经有一篇流传很广的讲校园霸凌的文章，一个被校园霸凌的男孩的妈妈详细描述了她的儿子在某小学被霸凌的经过，以及她认为学校老师处理得不恰当，因为家长对学校的处理不满。她认为孩子被校园霸凌造成了一次创伤，学校处理不当对她儿子造成了二次创伤，就把这些写成一篇长长的文章发到了网上，弄得沸沸扬扬。因为这篇文章让很多人回想起自己早年被校园霸凌的经历，还有很多家长担心自己的孩子有可能被霸凌，这个事情当时闹得非常大，学校成为众矢之的。作为涉事学校，这个事情解决得好不好，我们暂且不看。但是这件事发生以后，其他学校的老师和校长都非常警觉，会反思对这样的事情自己所在的学校应该怎么处理，有没有一个一揽子方案。

校园霸凌可能导致其中一方失学或者转学。上述在某小学发生的霸凌事件的最终结果是，被霸凌的小孩离开了学校，转学了。被伤害的孩子有时候是最惨的，如果学校处理不当，被伤害的孩子有可能还会继续被攻击。这个世界最不公平的地方就是如果霸凌者和被霸凌者必须有一方走人，那为什么不是施暴方？而现实往往是，施暴方完全没有受到任何惩戒,还安稳地在学校里待着,而受害方却要不停地找心理医生,被迫转学,甚至休学、辍学。

当然我之前讲过两个事情,是把霸凌者"挤走"的。第一个是我前面讲过的,一个幼儿园小男孩控制不住自己,喜欢闻同班一个小女孩的头发,那个小女孩的妈妈把"霸凌者"挤走了。当然在我看来这个小男孩还不是严格意义上的霸凌者,他闻别人头发是在表达友好,但对方觉得被侵犯了。

我还听到过一个事情,一个孩子在学校被霸凌了,是真的霸凌,孩子被霸凌者打到骨折住院了。孩子家长跟学校说:"如果那个小孩不走,我家孩子就会一直是被创伤的状态,看见霸凌者我家孩子就难受,他必须走。如果不走,我就找报纸或者找各种各样的地方曝光这件事。"最后以霸凌者转学告终。

两方至少有一方必须走的时候,应该谁走?这是一个原则性问题。我们现在不讲原则的时候,经常是倒霉的被霸凌者会一再倒霉,所有的人都落井下石,因为看起来被霸凌者最好欺负,也最无法发声。但事实上受伤害的这个人才更应该有发言权,伤害别人的那个人才更应该付出代价。而这个规则应该在更早的时候说清楚,在学生一入校就应该说明。

只要学生入校,学校就应该推行一个基本的安全理念,学校、家长、孩子三方一早就应该达成某种协议,那就是我们前面说的养育三原则,可以将之泛化到学校的安全管理之中,即不能伤害自己、不能伤害他人、不能破坏贵重的财物,尤其伤害他人是不可接受的。

如果学生有伤害他人的倾向，那么他要带陪读以保证别人的安全。如果陪读也不能达到这个目的，那么就请孩子先去治疗，在有专业诊断证明不会对其他人造成人身威胁的情况下再来上学。

关于校园霸凌，学校处置机制的建立

学校和老师要有一个基本的灵活的管理框架，但是很多老师和学校还停留在以前严苛的管理框架里，毕竟人是有记忆的，管理也是有惯性的。对过去几十年的记忆还停留在以往的管理方式上，当时的管理非常严格，一定要学习成绩好，老师所有的奖金、评价指标也是照这样进行的，甚至学生迟到会扣老师钱。但是学生迟到这就是一个概率事件，经常有喜欢迟到的小孩，没有什么办法，学校惩罚老师，扣老师的奖金，老师可能转身就去"折磨"学生，这样做的效果也不会如想象得那么好。在我看来，学校的总体原则可以是鼓励学习，但是某些学生学习成绩不好也是可以接受的，而学生迟到等一些小事，该扣分就扣分，没必要和老师奖金挂钩。老师如果压力不大，就不会去找学生麻烦，也就不太可能发生老师在精神和身体上虐待学生的校园暴力之类的事情。

学校应该建立的安全规则包括什么？比如某个小孩长期欺负别人，可能他作为霸凌者就需要定期去做心理咨询，找专业人士做辅导。不是找学校心理咨询师，而是校外的专业人员。学校要确保霸凌者长期接受辅导，他们在为减少自己的攻击性而努力，以此给其他孩子提供一个安全的环境。

我一直建议，如果家长担心孩子有可能被其他孩子霸凌，可以去和学校商量请陪读，这样能最有效地防止孩子出问题。但是同样的问题，到底应该谁带陪读，是霸凌者带陪读限制霸凌者呢，还是被霸凌者带陪读防止被霸凌呢？毕竟霸凌者可能欺负的不止一个孩子，不可能每个被霸凌的孩子都请陪读，那么霸凌者更应该请陪读。有时是只有一个受害者，一个被霸凌者同时被好多孩子霸凌，那可能最合适的是被霸凌者请陪读。校方要拿出一个相对标准的流程，让多方知道，假设将来出了事情要怎么去面对。

另外，如果有校园霸凌，谁来报告。我之前咨询的一个在国际学校念书的孩子就请了陪读，之后基本上没有人欺负他了。请陪读之前，他被欺负了，他自己也说不明白，正好那时转来一个同学和他成了朋友，看到他被欺负了，那个孩子看不过去，就带着他把事情告诉了校长，曝光以后校长就不停地找霸凌者谈话。在这之前，霸凌的事情是被掩盖着的。霸凌背后很可能意味着最终被霸凌的孩子失学，这是一个非常严重的问题。一旦有校园霸凌，报告机制应该是怎样的？应该要能够直达。比如说报告给班主任，然后班主任报告给专管这个方面的教务主任或者专管校园霸凌的副校长，那么学校就应该专门找霸凌者和霸凌者家长谈，他们要及时处理孩子的暴力问题。后来这个男孩说，他们学校的霸凌现象很严重，他最初以为就他一个人被霸凌，结果他听说好多同学因为被霸凌而转学了，这个国际学校损失的是学费啊。之后学校极其重视这个事情，安排了一个副校长专管校园霸凌，给学生普及什么是校园霸凌，以及遇到校园霸凌在学校里的报告机制，这个副校长会严肃处理这类事件。

校园霸凌因为有一定的隐蔽性才有它滋生的土壤，如果校园霸凌能够被看见、被曝光，霸凌者就会重新审视自己的行为。很多暴力都是因为没被看见而持续下去的。被暴力伤害的人不报告的原因有很多种，一部分可能是受害者的羞耻感，还有一部分是被霸凌者有时宁愿被霸凌，也不愿失去一段关系，因为他没有朋友，他觉得跟他们在一起哪怕被霸凌也可以接受。还有一部分孩子比较胆小不敢告诉老师和学校，担心老师和学校帮不了自己。另外，也有孩子被霸凌者威胁，如果报告的话，对他们的暴力会加码，也有像我看到的国际学校那个孩子说不清楚自己的霸凌问题而不去报告，等等。基于这些原因，学校应该反复对学生宣传学校对待霸凌的基本态度：学校对霸凌行为零容忍。学校必须提前做好预防机制，并且提前制定应对措施，有霸凌问题及时处理，尤其对霸凌者要有相应的处罚。

我写这本书的初衷之一，也是想推进校园安全建设。校园霸凌有可能造成被霸凌者失学，在这种情况下，学校应该有基本的处理原则。如果学校能让家长事先有思想准备的话，可能效果就会好很多。我认为所有的学校在开学之初，一入校老师就应该讲一下，我们的基本要求是什么。不伤害自己，不伤害别人，不损坏贵重的财物。如果孩子做不到这三点基本要求，学校可以建议家长带着自己的孩子去找校外的专业人士咨询。如果学校能够处理，可以先试着处理一下，比如说给学生做些心理咨询工作。如果不行的话，家长还是要找专业咨询师。如果孩子有非常严重的打人的问题，很可能

07. 学校和老师的管理机制

需要有咨询师或者精神科医生担保，在孩子危险性没有那么高的时候才能来上学。如果家长和孩子不能承诺对别的孩子没有威胁，那么此时学校允许施暴孩子上学，是对别的孩子不负责任的。我咨询过的有暴力倾向的孩子，有可能也有这方面的诊断，我和家长讲不能因为你的孩子有心理问题，别人就有义务挨你孩子的打，为你孩子的问题买单。假设一个人有心理创伤，他需要打一个人才能心里舒服，你愿意当那个被打的人吗？这样做没道理。一个无辜的人为什么承担这些？有心理问题不是可以攻击别人而且还能免责的理由。

学生心理工作的运作机制

学校心理老师的工作性质到底是什么？很多人觉得就是给全校师生做心理咨询，可是一个学校有可能只有一两个心理老师，却有成百上千名学生，这不是一两个心理咨询师能完成的工作。而且我当初参加培训的时候，听北美的学校心理咨询师的讲座，培训的老师说在美国，非常基础和简单的心理咨询他们学校的心理咨询师能完成，但是比较复杂的都要转介出去。

学校心理咨询师更多的时候做的是心理咨询的普及工作，比如在全校范围内普及心理健康知识。另外一个重要的工作就是甄别，了解学生问题的严重程度，判断需不需要分诊到校外的心理咨询室或者精神科。比如，我们现在说能不能上学，有些孩子可能都要休学了，这其实已经是非常严重的问题，并不能推给学校心理咨询师来解决。

我们现在讲的是一个大框架的问题，探讨一个对孩子相对来说比较安全的框架，在心理学领域或者特教领域，怎么能最大限度地让一个孩子不失学，失学背后真正严重的问题并不是学校心理咨询师能解决的。比如，小学生有明显的自闭倾向、多动或者抽动秽语，这些都不是心理老师陪着一两回或者做几次咨询就能解决的。但是学校心理咨询师可以把握大体的框架，在给孩子提供一个相对宽松的环境下，孩子能不失学，可以协助老师和家长提供一个对孩子相对安全的环境，以便孩子可以在学校里待下去。帮助老师和家长做出取舍，在学校里可以选择哪些课，怎么简化孩子的作业，以达到他能适应的水平。

对于中小学来说，如果每个学校有一个或者几个合格的咨询师，他们的工作更多的也是类似于医院的分诊台，先做分类，初级诊断，确定工作方向，简单容易的案例放在学校内部完成，疑难案例都需要转诊到校外的专科诊所或医院。不要幻想学校心理咨询师能够搞定所有的疑难杂症，凡是疑难杂症，问题都是多维度的，需要多方参与。但我还是希望中小学心理咨询师能够把特殊教育的一些理念纳入工作中，学校心理咨询师的工作方向有可能包括评估学生到底能不能上学，是否可以先转介到校外，求助专业人士，然后回到学校层面协助老师安排更适合这些孩子上学的方式。比如以什么样的方式上学，可能的话，帮助老师、学校领导、家长探讨可以选择的、更好的边界在哪儿。这些工作,我以前都是和家长谈的,然后家长再去和学校老师以及学校领导沟通。我是作为校外工作人员来协调的,如果校内的心理咨询师懂得这方面的工作,能做一定的协调,效果应该会更好,因为像这种多方合作,学校的心理咨询师是能够触及的。学校心理咨询师在这方面工作越专业,越可以缓解各方的困境。

在这里我顺便说说,现在学校心理咨询师可能面临的最大的困境是,学校领导认为学校心理咨询师是万能的,无论什么危机都推给学校心理咨询师。学校领导很可能觉得自己的学校负有无限的责任,校内有学生要自杀,心理咨询师要24小时开机待命。这种态度是不对的。

学校心理咨询师的工作是处理简单可操作的案例,在国外和国内都差不多,学校心理咨询师一般都是硕士毕业。在国外,硕士毕业可以做心理咨询师(counselor),博士毕业才可以做心理治疗师(psychotherapist)。咨询师一般就是做6次短程咨询,需要长程咨询的都转介到外面去做咨询或治疗。如果一个学校的某个学生咨询次数过多,学校咨询师有限,就等于在剥夺其他同学得到服务的机会,在义务教育阶段,大家的机会应该是均等的。所以比较严重的、超出学校服务能力的,都要转介到校外的心理咨询机构或者精神病专科医院。

针对比较严重的情况,学校心理咨询师只相当于转诊站。有的学生可能有自杀倾向,这也不是学校心理咨询师能处理的。有的学校的校长大包大揽觉得是学校的事情,把心理咨询师叫来说,这个孩子都归你管了，你24小时开机，这个学生如果出了事儿就是你的责任。我觉得我们的学校管理者应该学学什么叫学校心理咨询，知道学校心理咨询的定位是什么。学校对学生心理方面的责任不是无限的，负主要责任的应该是学生的父母，学生的监护人是他的父母，不是心理老师，也不是学校。一旦发现学生有严重的心理问题，尤其是有自杀倾向，便已经超出了学校心理咨询师的工作范畴。在《中华人民共和国精神卫生法》中，心理咨询师没有诊断权，对于更严重的精神疾病就更没有处置权了。一旦发现这类严重精神疾病，包括可能失学的问题，学校老师、心理咨询师和校领导要和父母谈，父母不仅要在校外找资深的心理咨询师，有可能还要求助精神科医生，要找专业人士判断孩子需不需要住院治疗，家长是不是要长期跟进，后续的治疗基本上和学校的关系不是特别密切了。但是学校需要检讨，出现这样的问题，学校是否有相应的责任，比如是否出现过校园霸凌，老师是不是过于严苛或者有对学生的暴力行为，学生的心理问题与该学生在校期间受到伤害有没有关联，学校在管理机制上是否需要调整，等等。

当学校老师或者心理咨询师发现学生有比较严重的问题时，学校要转达给学生的监护人，家长作为监护人负有第一责任，家长要明白孩子的心理问题要是严重的话，需要找更专业的咨询师、治疗师或者医生。家长和学校都要明白，孩子的问题不是学校心理咨询师造成的，也不能幻想学校心理咨询师能解决孩子的所有问题，家长要带孩子去找专业人士，该住院就住院，该吃药就吃药，该做心理治疗就做，该休学就休学。如果还能上学，也要少上学、少做作业，和老师商量。我主要做的是家长的工作，那么我认为该家长做的工作还是要由家长承担。

学校、老师、家长一定要分清楚各方的责任界限。有时学校领导感觉校方应该承担所有责任，但其实领导自己又不承担，他们一转身就把责任全扔给学校心理咨询师，结果心理咨询师也承担不了，这会导致中小学心理咨询师大量流失，因为没有人担负得了这种责任。心理咨询师并不是学生真正的养育者，承担养育责任的人是学生的父母，这个责任要分清楚。

学校遇到学生有心理问题或者养育问题找家长，也是有风险的，方法不对，儿童或青少年可能面临死亡。

很早之前有一个新闻报道，某地小学的一个女孩，她家算是流动人口，在当地上学。女孩被父母虐待，学校发现后找家长，跟家长说你不能打小孩，结果家长口头上说好，过一阵儿小孩就不来上学了，学校问家长小孩怎么没来上学，家长说把她送回老家了，其实小孩已经被家长虐待致死了，学校还不知道发生了什么。2020 年 5 月，《关于建立侵害未成年人案件强制报告制度的意见(试行)》正式发布，虽然说带有强制性，但是报告之后，后续的服务是否跟得上？报告之后能否真的阻止恶性事件的发生？毕竟这样的家庭可能有严重的问题，或许严重到需要剥夺父母的监护权，但在这方面我们的实践经验并不多。

另一个之前提到过的新闻报道，老师因为一些事情把男孩的家长叫到学校，家长当着同学的面在走廊上给了男孩一耳光，男孩跳楼自杀了。这种事情其实是一个多方的问题，老师要推测风险有多大，或者说心理咨询工作者要帮助老师去看找家长可能面临的风险，从恶性案例中总结出哪些话该说，以及怎么说。因为有的时候，老师觉得孩子不听话，把家长找来的时候，也是想让家长去惩罚孩子的，老师想要借家长的手解决孩子的问题，老师没有办法预见家长的心理水平、应对能力，以及孩子是以什么心态去看这件事的。没有人知道会发生什么，所以大家都是在不断摸索，各方以什么样的方式去互动。学校在处理此类案例时，最好能有所借鉴，把握和家长交往的边界在哪里。

我们介绍这么多，其实只是想搭出一个有效的框架，在这个框架下学校作为一个机构，这个机构下的领导、老师、心理咨询师，以及他们服务的学生、学生家长能够形成一个可以多方协调的运行机制，摸索出针对不同的特殊儿童或者问题儿童，怎么能让他们在学校感觉到安全，促使他们更愿意来上学，让他们维持住上学的动机和意愿，学校这个大系统背后的机制和问题有可能是心理咨询师可以帮助协调和把控的。

比如，有个初二的孩子学习不好，他来咨询时说他学不进去，一学习就紧张、焦虑。我问了一下为什么，他说他四年级的时候学习成绩不好，有一回不及格，他妈当时才30多岁，看到儿子不及格的分数的时候喷射性呕吐，血压升到220，给孩子造成了心理阴影。他只要一考试、一学习就紧张、焦虑。孩子在其他方面是没有问题的，我们要处理的是他对妈妈的死亡恐惧，这个问题背后的东西不是学校心理咨询师能解决的，这是他和妈妈之间的关系问题，很可能是懂家庭治疗的咨询师才可以把握的。对于这类案例，学校心理咨询师知道转诊到哪里更重要。

关于哪些东西是谁的问题，有些可能是孩子的问题，有些可能是家长的问题。有些家长真的是异常焦虑，不能容忍孩子的任何不好，一有事就紧张得不得了，进一步带动孩子的紧张，形成连锁效应。这个时候可能是家长要去做咨询，学校心理咨询师可以提出建议，但是让学校心理咨询师越权去给家长做咨询，也很奇怪。

学校心理咨询师给家长做一些讲座可以，但是很深入的心理咨询，无论是针对老师、家长，还是孩子，都不是学校心理咨询师应该承担的责任。我们对学校心理咨询师的水平不要有过高的期待，他们能完成基本的工作就很不错了。就好比一个学校有校医，能有社区医生的水平已经很不错了，不能期待他们是三甲医院的专家。但是各方都容易把自己对学校心理咨询师的幻想投射出去，期待学校心理咨询师如神一样，这种幻想还是早早打消吧。如果学校心理咨询师真的可以成长到专家水平，很可能就脱离学校独立开业了。一般来说，学校心理咨询师就是做简单咨询，问题不大的，偶尔来问问你学习方法，或者人际关系的处理。很多技巧上的东西，也许孩子差那么一点儿，心理咨询师帮忙补一补就好了。如果是更深入的问题，就不是学校心理咨询师能处理的。例如有些孩子，上课不注意听讲，上课睡觉，有可能他在家里是被家暴了，在学校让他感到很安全所以他就睡着了，像这样的问题，也不是学校心理咨询师说解决就能解决得了的，家暴很可能涉及法律问题。

就像有幼儿园园长去跟家长谈，说你家小朋友有自闭倾向，打同班的小朋友，你休学一段时间再来，园长怎么知道那个家长会带着小孩一起自杀。在无法知道这样做可能面临的后果是什么的情况下，我们要提前考虑各种可能性，以最糟糕的情况去推断，被约谈的家长会有什么样的反应。我们要避免恶性事件的发生，学校要讲清楚利害关系，以安抚性的态度来解决问题。

幼儿园园长的说法听起来也是有一定的合理性的，让小朋友先休学一段时间，没有让他退学，但家长并不知道孩子回家待两个月能不能就不打人了。而且家长把孩子送去幼儿园，她是可以休息一会儿的，如果孩子不上幼儿园了，等于家长要全天面对小孩，那个家长正在怀二胎，估计精力也跟不上，家长也面对不了，这一系列的事件集中爆发，就可能变成恶性案件。

老师自身的心理健康

我不太做老师的心理方面的工作，我知道学校提供的心理咨询主要是针对学生的，但是老师也非常需要在心理上得到支持，而学校在这个方面的工作还是空白，无论是国内还是国外。有些企业都有针对员工的心理援助计划，但是我们还没听说过有哪所学校提供针对老师的心理服务的。老师是一个压力非常大的职业，所面临的

07. 学校和老师的管理机制

社会期待也很高，老师需要有很好的代替家长养育孩子的能力，家长都会投射这种期待，觉得自己管不好孩子，老师应该能管好。我认为老师和家长之间必须知道彼此的边界在哪里，父母才是孩子的监护人，家长和社会不要把老师推到"神"的位置上，他们不是，也不可能是，请抛弃这个幻想。另外，老师除了面对来自学校、家长和学生的压力之外，老师自己的心理也未必健康，他们也可能在童年时没被养好，在面对压力时，老师也会出现各种严重的问题，可能会攻击学生，也可能攻击自己。比如，有的老师特别在意别人的评判，曾有过特别在意学生评判的老师自杀的新闻报道。老师在学校里有各种应对上的困难，并不是老师站在那个位置上自动就能成为老师的。每个人都有自己的早年痛苦或者现实痛苦。有的老师特别痛苦的经历是对小孩有利的，比如有的老师自己的孩子是特殊儿童，她对自己班里的特殊儿童的宽容度就会高很多。而有的老师早年被家暴，可能他们也会对班里的孩子有或明或暗的暴力行为。

这就好比在养育中，更健康的父母就更可能养育出更健康的孩子，而老师是临时的替代养育者，老师的心理健康，对孩子的健康成长非常重要。学校在招聘老师时，或老师入职后，为老师提供心理支持方面的服务，如果这个工作做到位，就会有利于老师的心理健康，进而对学生的心理健康起到重要的保护作用。学校在这方面也应该摸索出一套相应的机制，不仅要给孩子提供一个安全的环境，也要给老师提供一个安全的环境。

辨别是谁的问题

以前我咨询的时候,通常会听到家长和孩子的抱怨,内容多半是关于老师的。我是做家庭治疗的,一般不面对老师,就会跟随家长和孩子的视角先入为主地认为老师的问题更多。后来随着咨询的深入,我发现谁的问题都有,一部分是老师的问题,一部分是家长的问题,还有一部分是孩子的问题。孩子在上学的时候出问题了,我们要去区分,可能是谁的问题,有可能三方都有问题。

我们经常会认为问题都是学校的,比如在教育上只看学业,其他方面不是很在乎,这是传统学校教育非常容易出问题的那个部分。这其中,学生、家长、老师都是跟着成绩这个指挥棒走,衍生出各种问题。但是除了只看学业成绩之外,更多的可能是养育的问题,有可能是孩子早年没被养好,或者是孩子本身在发展上出现了滞后等，导致了孩子后续的问题。我们要学会去推测这个问题是什么，知道问题的症结才能更好地解决问题。

当然，我们最希望的是以预防为主，希望家长能够在孩子小的时候养好孩子，不能等出事儿了再去应对。但是，我们在这本书里面讲的都是应对，已经出问题了，或者是有征兆了，很难提早预防。要想预防，应该更早地去了解，哪些事情是非常重要的，比如生孩子，最好是你期待的孩子，不要你不想生还生下来，之后会有一堆麻烦。另外，婚姻的问题可能会导致后续养育的很多问题，例如家里混乱的人际关系可能是孩子出问题的原因。儿童、青少年出现的症状有可能是家庭问题的集中体现，那么这就意味着成年人最好提前解决婚姻和家庭人际关系问题，这样才有利于避免孩子出现心理问题。

另外，作为成年人，家长或者老师早年都可能没被养好，自己身上一大堆毛病，攻击性无处安放，都可能指向孩子。换句话说，心理健康的成年人才能养出心理健康的孩子，预防孩子出问题，那么成年人应该先把自己的早年创伤治疗一下。

下面我们将从多个角度分析，各方可能出现的问题。

孩子的问题

我们先说孩子的问题，比如孩子到了青春期，在这个时间段，容易发生社交恐惧。社交恐惧背后其实是跟性有关的，涉及性吸引，孩子会觉得是不是别人都在看他，别人都在评判他。如果孩子的自我功能不是特别好的话，就会特别在意被别人看见、被别人评判，这就可能会出问题。这可能是孩子自己的事情，也可能是早年被养育的时候，家长在某些方面给的不够，也会在这个阶段集中爆发。进入青春期之后，因为社交恐惧而休学的青少年很多。

有些小孩被欺负了的感觉是写在脸上的，他们自身的特质就像在"邀请"别人欺负他们。比如自闭症的小孩，比较退缩、胆小，当然其他孩子也有比较胆小、退缩的，看着就好欺负。一部分孩子是天生胆小，还有一部分是被家暴以后变得胆小，当然也可能有其他原因。关于被家暴，孩子被家里人打了以后，其中一类孩子会看起来特别的退缩，看着他总觉得好像别人会打他，老是闪躲，这会导致别人觉得他好欺负，不打他打谁呢？周围的同龄人一试，发现真的能打他，就上去真的打了他。

我见过一个小朋友，小学三年级走进我的咨询室，我一眼看过去，就觉得这个小孩是被欺负的。咨询一开始我什么都不知道的时候，问了一句："你在学校是不是被欺负了？"小朋友"唰"的一下眼泪就下来了，这是一个小男孩，他给人的信号就是"能被欺负的"，这是人类的本能，或者生物的本能，下意识地周围人都知道这个人可能被欺负了。

这个小男孩说，他在学校里所有人都可能欺负他，他也没惹事儿，欺负他变成了大家的一种娱乐似的。他说别人拿他的文具盒打他的头，三个文具盒都被打坏了。很明显，这个小孩自身实际上是有问题的，他的特色和风格是容易被欺负的。再一问他家还有遗传特点，他爸爸小时候就被欺负。我说你儿子被欺负了你怎么办？他说我让他好好锻炼身体，等强壮了以后可能就不被欺负了。我说你小时候怎么做的？他说"我小时候就这么做的"，他就是这么活下来的，没有人管他，他也不会去帮儿子打架。这个家长就不是非常强大的家长，自认为不用去找老师谈，觉得解决问题的钥匙在自己儿子身上，只要儿子强了，就解决了。而实际上这些被校园霸凌的孩子是需要特殊保护的，如果学校不能有效阻止，那么这些看起来退缩、胆小、容易被欺负，甚至已经被欺负的小孩，也许需要带陪读，不然发展下去可能会导致非常严重的心理问题，甚至不能上学。

家长的强大程度，差异很大。我在第二章提到过的一个幼儿园小男孩去闻小女孩的头发，小女孩妈妈就天天去"折磨"幼儿园园长，天天找园长哭诉"我们家小孩被欺负了"，最后把那个小男孩给撵走了。家长里就是有厉害的，厉害和不厉害之间的差距非常大。

这个小男孩的爸爸就是非常退缩的，他不会去找老师，只会把责任都推到自己儿子身上，他希望儿子强大之后，自行解决问题，那现在就只能忍着了。这个小男孩也试图找过老师，老师懒得管，反正他们家都是看起来好欺负的，小男孩也很无助，无论父母还是老师，看起来都不是帮助者。小男孩目前很难改变自己的气质类型，就是容易被欺负的姿态，他自身有很大的责任，知道了这些，就要想办法阻止，小男孩根本无法独立面对，必须有外力帮助才行。

还有一个前面提到过的休学的初中生，他应该是有创伤后应激

08. 辨别是谁的问题

障碍。他当时上初二，老在学校里面刺激别人，只好休学了。我问："你怎么去刺激同学的？"他说自己说话都是文绉绉的，全是书面语，不是口语化的东西。说完以后把别人气得蹦高儿，人家就把他拖到厕所里顶墙上揍。我说那你不能不这么说话吗？他说我都挨揍了，我就更要这么说话，要气他。我说那你不就更挨揍了吗。他会进入一个恶性循环，他没有别的办法打赢别人，嘴上就不能吃亏，然后进入这种口头挑衅和挨打的循环。

后来他休学了一年，一年之后，回去上学了。休学期间，如果家长态度不好的话，那么孩子可能就永远待在家里了。好好在家里待一年，家长没做什么刺激孩子的事儿，孩子会觉得在家太无聊，自己要求回去上学。当时我建议他降一年级，他坚决不要降级，觉得降级很难看。结果还回到他原来的班级了，中间空了一年，后来考了一个职高。他宁可上职高，也不要降级。

为了解决他的问题，我说："你不可以老说这种书面语和文言文，你为什么会这样？"他说因为我天天总是在看书，我说你不能看点儿电视连续剧，土一点儿的，言情的，反正说得像人话的电视连续剧吗？后来我给他布置了一个任务，天天在家看电视连续剧。

好多家长的问题也在于此，他们不知道自己的孩子人际有缺损是跟学的东西有关系，该让孩子学的东西不应该仅仅是课本上的知识。比如说这个时代小朋友应该看的动画片是什么，家长知道吗？同学们都在看什么？同学们都在玩什么游戏？同学们都在追什么明星？家长都应该知道，别人在做的可能自己的孩子也要做一做，当然排除那些严重不利于身心健康的事情。

我有一回在一个中学给老师做讲座,提到学生的人际关系这一块,大家都在做什么,孩子多多少少也应该知道一点。有个老师说他们班有学生在家里从来没看过电视,孩子的爸爸反对看电视。这位爸爸是一个博士,他说当年自己看电视浪费了好多时间,所以他儿子不能看电视。我说这个爸爸真坑人,他当年自己看都看了,博士也顺利读下来了,然后把自己孩子看电视的权利给剥夺了。后来老师发现这个孩子在他们那个群体里面是有一点点被排斥的感觉,别人讲点儿和电视里看到的内容有关的事情他全都不知道,还得让其他人解释一下。比如,别人聊到一个名字,可能是哪个电视剧里面的,大家一讲互相都知道,就他一个人不知道,别人还得给他科普,他老是处在一个被科普的状态,这样就会导致孩子融入群体变得非常困难。凡是这类问题,我们就要处理,哪些是孩子的问题,在孩子身上能不能补上,不能补的话,可能就要采取其他的策略。

胆小、退缩的也不一定都是小孩子,大孩子也会有莫名的恐惧。比如前面提到过的一个高中男生,他父母来讲孩子遇到的困惑。当时发生了在校园门口砍孩子的事情,所以他所在的学校不准学生在早晚上下学之间私自出校,也不准家长随便进校。这在很多孩子眼中是个正常事件,毕竟都是高中生了,应该能理解这个政策。可是这个男孩子特别紧张,他觉得这就如同把他像犯人一样锁在学校里面不能动了,他感觉好像恐惧症发作,快要不能上学了,他父母来咨询，他自己没来。我就跟他妈妈说，这个事情还挺简单的，你就跟老师说一下，在早晚上下学之间接他出去几趟，上课的时间也没关系。家长做到了，跟老师谈，真的去把孩子接出来了两回。男孩发现自己其实是可以出来的，他妈妈不进校，但是可以在外边登记一下，老师通知他，有人接他就能出来。他发现自己并不是像被关在监狱里面一样不能动的，他还是有解决方法的，可以不那么严守学校的规则出入校。这么做了以后，他的感觉很好，他在这方面就没再出过问题了。好多事情学校政策出来以后，大部分孩子欣然接受，有些孩子可能会有激烈的反应，可能和这些孩子的特质有关，那么在不违反原则的基础上，做适当的微调就可以解决了。

老师的问题

过于严厉的老师

老师的问题之一就是过于严厉，甚至可以说很凶猛。一个有抽动症状的小女孩说，她的幼儿园老师特别吓人，虽然没打过她，但是她很紧张，就得了抽动秽语综合征，她只是抽动，没有秽语，总是眨眼睛。我就跟家长说，你去找老师谈，对你家小朋友好一点儿，温柔一点儿。家长也不太敢跟老师谈，我说你做什么职业，那个爸爸长得高大威猛的，孩子爸爸说我是警察。

我们会发现就算是警察，看到幼儿园老师也害怕。孩子越小，在幼儿园里越像"人质"，不管你是什么职业，都可能会害怕老师。老师惩罚孩子，方式不一定是打或骂，还可以孤立孩子。别的小朋友都坐长长的一排桌子，给你的孩子单独弄一个小圆桌，说你有问题，让你坐在这儿，社会隔离。侮辱人的方式有很多，孩子很容易被创伤。家长能力再强都可能有心无力，鞭长莫及。

作为家长不能觉得把孩子送给老师就万事大吉了，还要从政策入手，推动学校制定安全的规则。从家长到学校、到老师，如果能按照规则做到有效的监控，就能尽最大的可能防止问题的发生，但有的时候是防不胜防。我们可以假设大部分老师都是好的，但是如果有5%的老师有问题，那在他们班的孩子就可能受到非常不好的影响。老师的心理健康非常重要，筛选老师，以及对老师给予足够的物质和心理上的支持都是学校工作的方向。提升老师的待遇，让老师这个行业更有竞争力，才会有更优秀的人才愿意进入这个行业，对孩子来说也更安全。

老师有违法犯罪行为

首先，家长如果发现学校里有违法犯罪行为，比如老师涉嫌强奸、虐待儿童，这就已经不是心理咨询考察的范围了，我觉得能不去上学就不去上了，失学也比孩子受到严重的身体或者心理创伤要好得多，后面发生严重问题再修补起来是非常困难的。这是家长要提前甄别的，到底要不要上学，要不要报警，要不要走法律途径，等等。

有一个幼儿园小朋友的妈妈曾找我咨询，她的孩子被老师打了，那个老师应该是打他们班所有的小朋友。她的孩子是后来转学到那个幼儿园的，孩子就跟妈妈说了，他不喜欢这个幼儿园，里面的小朋友看着都是木木呆呆的。被虐待之后，很多小朋友都可能会有这样的情况，家长当时没觉得这个情况和暴力有关系，虽然学校有摄像头，但孩子说有摄像头也没有用，老师会避开摄像头打人，后来孩子心理创伤很严重的时候，才发现老师的暴力。家长在这方面要特别注意，怎么去处理，怎样才能预知风险，还要不要上学。这么严重的问题，已经涉及法律层面了。

老师在特定环境下的焦虑

有时候老师的问题是在某些特定的应激情况下发生的，比如文艺表演或者公开课等。小朋友幼儿园毕业的时候有文艺汇演，这时候一般老师都会要求小朋友唱歌，尤其合唱要整齐，要表演，要到位，老师很紧张，在这期间老师容易脾气不好，然后孩子就开始出现"症状"了，可能有退缩、抑郁等各种各样的表现，这种情况还挺多见的。

曾经有个小女孩出现了类似于退缩、抑郁的症状，家长先找了一个心理咨询师，谈了一下症状，那个咨询师说，他们家小孩应该有严重的抑郁，大概得按年治疗。后来家长到我这儿来看了一下，我就说："这就是一过性的小创伤，不去参加幼儿园文艺汇演、不参加合唱队就行了，他们合唱练习的时候就把她接回来，在家玩儿就好了，等他们表演的时候，你去当观众听一下。"我一共做了两次咨询，之后孩子就没什么事儿了。

我开的"处方"就是，家长跟学校去谈，也不用指责学校或者老师，不用去说是你造成了我孩子的这个问题，我们要理解，老师有老师的焦虑。你家小孩在这个情况下扛不住这个焦虑，当然也要给小孩暗示一下这也不是什么大事。后来那个小女孩没去参与排练，各种表现都很好，因为她的妈妈总写博客、发照片，我能看到小孩的成长，两次咨询后，就没有发生什么不良的事情，小朋友发展正常。

这个其实是老师、学校或者是制度上的问题，因为每届学生都会遇到这种问题，大部分小孩适应良好，即使面对老师的焦虑也愿意参与其中，不会造成创伤，但是有些孩子就会很敏感，承受不了相应的压力。

类似的情况，我还见过有个男孩参加管乐队，乐队指挥逮谁侮辱谁，侮辱完，男孩就被创伤了，别人看起来都没事。这个孩子来咨询的时候大概是小学高年级，我问他能不能不去了？他说不行，他想去，他说学了这么多年，他还是要去的。那他就必须扛住那个老师的言语攻击，那些攻击不仅仅是针对他的，毕竟这种需要整齐划一的表演，指挥者的风格有可能是简单粗暴的，男孩就要判断自己是否能扛住攻击。我们很难改变这个老师多年的行事风格，但我们可以逃避。这不是必须参与的活动，但是男孩咨询完评估了一下,还是决定继续参与这个活动,那么他就要学会控制自己的内心,并能对那个老师的侮辱性言语做出相应的防御,以降低其对自身的伤害。

老师自身早年被养育的问题

老师为什么攻击孩子?一种可能是老师自己是一个早年没有被养好的孩子。当然也有一些小孩是"找虐",有些小孩本来是被家里"虐","虐"完以后他没处发泄,所以他天天去"挑衅"老师。这也是有可能的,也会把老师"气出心脏病",小孩可能会成为"施虐者",然后一环套一环,老师为了反击小孩的"施虐",而变成了施虐者,但这种情况比较少见。更多的情况下老师成为施虐者,是因为老师自己在早年被养育的环境中是个"受虐者",被压抑的攻击性在学校里指向学生。

以前我看过一个咨询的现场片段,一个男老师脾气不好,点火儿就着,影响到他在学校里所有的人际关系,不只是跟学生的人际关系,还有和其他老师以及领导的人际关系。当时那个心理咨询师给了他一个纸箱子,很大、很厚的纸壳,说:"假设这个纸箱子就是让你生气的那个人,你把他撕了。"我觉得那个大厚纸箱一般人撕不动,他就能给撕得稀碎,看的人能感觉到他的愤怒压都压不住。如果一个群体里有人存在这样的愤怒,心理不太健康的话,那问题就大了。我们在咨询里看不到更多的恶性案例,但能看到新闻里报道的恶性事件,有老师把学生捅死的,有老师向学生施加暴力,也有老师情绪不好导致学生恐惧的。所有这些都可能和老师早年没有被很好地养育有关系。

老师对学生的预见力不足

在学校里不仅有老师对学生的暴力，也会出现学生把老师捅死的恶性事件。老师也要评估一下孩子有多大的风险。有些孩子在家或其他地方受到了无数次的攻击，已经非常脆弱了，他们可能在学习上表现不认真。老师觉得自己是对学生好，看着学生写作业，有可能批评学生的某些不足，看起来并无恶意甚至老师觉得对孩子是帮助的批评，都可能会诱发学生动刀杀了老师。老师在和学生互动时，也要有一定的预见力，评估学生的风险有多大。

学生针对老师的恶性案件相对比较少，但是老师批评学生，或者过于严厉，在学生身上发生的恶性案件可能更多些。比如因为害怕老师，觉得自己做不完作业，担心自己的成绩而自杀的学生，经常会出现在新闻中，这就需要老师有一定的预见力。知道哪些学生相对比较脆弱，在对待他们的方式上要采取和其他同学不太一样的策略，以防止这类恶性事件的发生。

学校的问题

我听说一个很有名的幼儿园，园长到处做报告讲怎么养小孩，但幼儿园里的老师天天鸡飞狗跳地训孩子，到处都能听见，园长也

08. 辨别是谁的问题

不管，慢慢成为常态。所以，道理说得再好，实际上做的也不一定那么好。园长的讲座有时就是画个大饼，给家长描述一个幻想的世界。

我们前面提到过一个中学生，课文背不下来，和他一个小组的同学都要被牵连，老师还说要把他赶出学校。老师的这种类似"霸凌"的对待方式应该不是一两年形成的，我想学校也应该都知道，学校是默许的。好在这个中学生长得高大，已经不像幼儿那么恐惧了。

我们之前说过，连当警察的爸爸都害怕幼儿园老师，他的孩子小，在幼儿园像"人质"一样。幼儿小小的，不像上面的这个中学生长得高大，面对老师，如果还是一个可怕的老师，根本没办法对抗，当警察的爸爸也不能时时保护她。幼儿的父母把孩子交给老师的时候，几乎没有办法去对抗整个机构，孩子越小，幼儿园和学校潜在的虐待行为就可能越多。如何监督这些幼儿园和学校，需要社会各方更深入的探讨。比如，是否允许有空闲的家长入校监督学校的日常工作；孩子在学校出问题，除了报告学校，是否同时报告由家长组成的相应组织，督促处理进程。儿童的安全无小事，安全比学业成就重要得多。

有些学校比较有特色的部分就是学习风气，据说这些所谓学习风气好的学校可以吸引很多家长和学生。有些学校会制定一些规则，教务主任每天或者定期像打了鸡血似的激励大家一番。要知道大多数孩子听完就跟耳边风一样，没有问题就过去了。可是有的孩子每回听完这种"鸡汤"，不知道是兴奋还是紧张，之后就"惊恐发作"，

上学困难，怎么办？

像心脏病犯了，喘不上气，严重到甚至需要住院治疗。

我问她你定期住院？她说"对，定期住院"，比如说住几个星期好了，她又回去上课，听到"鸡汤"似的话，她又得去住院。我问为什么？我说你别去上学了。她说"那不行，上学是必须的"，她每次必须回去上学，挺不住的时候再去医院，她觉得只有到住院这个水平，不上学才是可以接受的。我跟她妈妈说你能不能让孩子少上点儿学，像她这样子的，上半天学就行。这个孩子一大半时间都在医院里待着或在家休养，就这样，她能在班里考前几名，她去不去其实没关系，我问她你图什么？不用去了，自学都行，去学校干吗？但是她不能接受不上学或者少上学，她妈也不能接受。

他们觉得只要好了，就应该去学校。就好像6岁必须上学一样，很多人认为有个时间点卡在那儿，上学是必须的，别的小朋友都去，那自己(或自己的孩子)也必须这样做，即使有严重的症状，即使每次去了上学就会诱发症状。这个孩子的问题很难解决，不光孩子自己的想法转变不过来，她的妈妈和爸爸也很弱，很难跟学校谈判。在这个案例中，学校的问题看起来可能更大一些，这个孩子的心理素质决定了她就是这个风格，这个学校的教育模式就是不断让她"惊恐发作"。

实际上，按道理来讲，她的爸爸妈妈要做决定，这个小朋友可能应该上花班了，就是上几节重要的课，上完后赶紧走，而且尽量不要听教务主任在广播里说的话，该逃的就得逃掉。我还问这个孩子，周围人有问题吗？她说"没有，同学就跟没听见一样"，我说你不能和同学一样？她说不行，她就听进去了。

在我看来，在这件事情上，学校的问题最大，这是学校的一贯风格，学校对孩子的心理明显造成了不良的影响。从长期的角度看，学校应该适当改变这种过度推动学生的教育方式；但是从短期来看，家长和学生并没有足够的能力去对抗学校。那么为了孩子的身心健康，家长可以针对自己孩子的特点，跟学校谈判调整孩子上学的时间，但是这个孩子的家长很难去找老师谈判。如果可以，转学也是一个选项，咨询中可以看出家长也没有这个经济能力和人际关系。孩子卡在这个位置上，就会很尴尬，所有人几乎都觉得应该推动孩子适应这种教育模式，这样看起来大家都会满意，但是孩子就处在这个水平，那么该调整的就是学校和养育环境。

家庭的问题

如果一个家庭没什么问题，家里所有人都可以平静地过日子。但是家庭成员一旦出了问题，尤其是孩子出了问题，那么对家长的要求就会非常高。

家庭暴力

家长需要知道孩子在学校到底发生了什么，有的孩子可能在学校和在家里表现完全不同。有的家长对孩子管得特别严，孩子在家不闹，在学校却很闹。以前我见过一个孩子，他在学校里总闹，我

上学困难，怎么办？

问家长："为什么他不回家闹你们俩呢？"家长说："他不敢，他只敢在学校闹。"学校比家安全，所以孩子就在学校闹。有的家里特别不安全，比如家庭暴力，这类孩子上学校就会总睡觉。这个现象很正常，在家不敢睡，特别紧张，不知道什么时候就挨打，那就只能上学补觉。

有些家长的暴力行为很严重，他们完全不知道暴力的后果，或者是他们根本就不顾后果，因为他们无法控制自己的暴力行为。我见过一个青少年，男孩，在学校里一旦有人惹了他，他怒气一上来就会把凳子拿起来一通砸，还好他不砸人，他知道不能砸人，但是他的行为真的非常吓人，把同学们都吓坏了。他爸有家庭暴力，他爸说"我就是要管他，好让他不犯错误"。我说："这么暴力地管完以后，你知道这错误有多大吗？他控制不了自己的怒气，只会砸凳子。"同学们都被吓坏了，孩子自己也控制不了。那男孩还挺有科研精神的，他爸说："谁家不打孩子？"男孩说："我问了我们班同学，所有的同学都回答没有像你这么打人的，我把全班人都调查过了。"

我为什么极其反对家暴？家暴不只是家庭内部的暴力，家庭内部的暴力很可能会转换成其他的暴力。父母对孩子暴力攻击，孩子就得有攻击出口。孩子的攻击指向谁？很可能会指向无辜的人。所以大家不要作壁上观，觉得只要我不打孩子就行，别人打孩子和我没关系。可是如果别人有家庭暴力打了孩子，那个孩子不敢反击自己的父母，他的暴力出口就可能打你家孩子。所以家庭暴力要在第一时间制止，这是全民都应该参与的工作，为了所有孩子的安全。

被家暴的孩子一般会呈现两种状态：一种是胆小；另一种就是胆儿太大了，打别人，"打遍天下无敌手"。我妈给我讲过他哥哥的故事，我三舅小的时候就属于那种"打遍天下无敌手"的。他在家里被我姥姥、姥爷打完以后，就出去打别的小朋友，人家家长就带着小朋友来家里告状。姥姥、姥爷再打我三舅一顿，打完了以后他就去揪着那个小孩一通暴打，问你以后还去不去找我爹娘告状了，那个人求饶说他再也不找了。我三舅就属于父母打不服的，攻击会外指。

这种情况还挺多的，所以你去看霸凌和被霸凌的孩子，都可能是被家暴的孩子，当然被霸凌的孩子有一部分可能不是。霸凌的孩子，应该有一部分是被家暴的，还有一部分有可能就是他有暴力攻击的时候，家长实际上没有限制他的暴力，觉得我们家很牛，我们家可以摆平所有的事情，我给钱就行了，家长变相鼓励了孩子对同龄人的暴力攻击。本来正常小朋友就是有攻击性的，他真正有攻击性的时候，父母应该限制这个攻击性。父母如果不限制攻击性，暴力就会被无限放大。整体来说，家长要么是无力限制，要么是变相鼓励，要么是以暴制暴陷入暴力循环。

一个朋友说起她的儿子，在幼儿园把所有小朋友都打了，我问打完了你们怎么办？她说我回家就再打他，我说那他到学校，又打别人，这种恶性循环就没完了。父母必须先停止打孩子，后续才能解决问题。父母不停下来，父母的教育方法很局限，只会暴力解决

上学困难，怎么办？

问题，小朋友学会的也是暴力解决问题。孩子不敢打自己的父母或者打不过父母，正常情况下小朋友应该是优先攻击父母的，但不是非得动手，也可能是言语上的，也可能是不理家长或者给家长脸色看，可能小孩在父母这一块是攻击不出去的，他就在外面攻击了。

这个还不是最糟糕的。这种暴力引起的后续的麻烦有多少呢？

有一回我遇到一个被家暴的小男孩，我就问那个小孩，我说假设你将来有孩子了，你会不会打你的孩子？他犹豫了很久，没给我肯定的答案，最后在我锲而不舍的追问下，他说可能还是会打的。他很诚实，如果他给我肯定答案说不会打，他就要兑现承诺，但他没有承诺这件事情。被家暴的孩子会将暴力传承下去，伤害另一个无辜的人。

有一些被家暴的人，他可能在此时此刻没有伤害别人，但是有可能他压抑的这种怒气，在未来会指向他的配偶或他的孩子，你会发现这个暴力可以压很长的时间，"君子报仇十年不晚"，可是他报仇的方向都是无辜的人，这些人并没有真的惹他，真正伤他的人他并没有动过，他会把这个攻击转移到下一代。我听过的最可怕的词之一就是"理解"，经常有人在那儿检讨，当年我爸我妈打我，我当时还挺恨他们的，但现在我很"理解"他们。这个"理解"的背后就是，他们允许自己打孩子了，因为他们知道自己的暴力也要攻击出去，要有出口，他们要给自己的暴力找合理化的借口，他们开始洗白暴力、美化暴力。

这些被压抑的暴力，它的出口还有很多，它可以不指向外而指向内，比如儿童的自伤行为。有一些人早年如果遭受过暴力虐待，那么他有可能是有自伤倾向的，比如拿刀划自己，因为他很痛苦，他可能会有抑郁的问题。青少年自伤很可能跟早年的家庭暴力有一定的关系，家庭暴力和抑郁有相关关系。

我当年咨询的一个家长，她家是她爸她妈打她哥哥。她爸她妈不打她，她是女儿，但是她哥会打她，她说她哥会拿皮带抽她，她的身上全都是皮带抽完的血痕，最开始她都是拿衣服挡着。我说你父母没发现吗？她说后来发现了，有一回夏天坐公交车的时候，她伸手拉吊环，她妈妈看到了她身上的血痕，她妈才发现她哥打他。我说你妈怎么处理？她说回家打她哥。你会发现暴力是一个不断循环的过程，受害者很可能会变成施害者，今天的受害者有可能是明天的施害者，他今天被多残忍地对待，他将来就有可能多残忍地去对待别人。只不过这个别人是经过施害者挑选的，有可能是他的同学，也有可能是他的配偶、亲密的人。我咨询的这个家长，她父母都是在学术界顶端的人，可是两个儿女学业发展都不好，作为暴力的受害者，他们在上学的时候因为遭受暴力而注意力难以集中，学业受阻，他们的遗传素质应该很好，可是却生生地被成长环境毁掉。

对于家庭暴力，我认为学校也应该加入宣传之中。被家庭暴力过的孩子对学校、老师、同学都是不安全的，他们要么有潜在的可能会伤害自己，要么有潜在的可能会伤害他人。而且被暴力对待后的注意力不集中影响学业，这不是单纯解决注意力不集中的问题，而是解决家暴的问题。

把孩子推给老师

　　以前有一个家长，带孩子来咨询了几次，效果最初挺好，后来间隔了很长时间不来咨询，家长慢慢变回了原来的状态。他们家孩子有自闭倾向，家长说她请了好几个家教，教不同科目的，应该都有点特教的性质，不停地折腾他们家小朋友。家长自己制定了ABA训练计划，对那些老师特别不满意，她说："我给了他们好多训练计划，他们都没有让我满意，好多事情他们都做不到。"我就问那家长："你自己制定的计划你自己试试，你能做到吗？"她说："我做不到，但我会变通。"我说："如果人家变通的话，你认为人家的变通是合理的吗？你认为老师做不到，你会逼迫老师做到，这意味着你已经把孩子推向被虐待的境地了。"作为家长，要给老师当心理咨询师，安抚老师，让老师心里觉得舒服，才能确保孩子是安全的。在安全的基础之上，孩子能学点儿是点儿。家长把孩子推向一个必然会被虐待的方向，就非常可怕了。

　　很多家长都可能把老师推向虐待孩子的状态里去，比如过度期待老师对孩子各方面都照顾得好，只要感觉老师对孩子有一点儿不好，家长就会特别创伤。有一回我问一位家长："你自己不打孩子吗？你自己对孩子的态度都很好吗？你为什么会对别人有那么高的期待？"当你有高期待的时候，实际上你已经在把孩子推向一个被虐待的场景了。不是说你不可以期待老师不打孩子，老师是不应该打孩子，可是你对老师有特别高的要求的时候，刚开始老师可能会认同你，会照着你的方法做，最后无效的时候老师会有愤怒，这个时候是非常危险的。家长一定要知道你跟老师在交流的时候，哪些有问题，哪些没问题。比如有的老师管一个自闭症小孩或其他特殊的孩子，其实已经很困难了，家长再说"我送到学校就归你管"，这个要求很有问题，毕竟家长都管不了，如何期待老师管得了？所以，带陪读减轻老师负担，或者少上一部分课也可以减轻老师的负担，当然也减轻了孩子的负担。

我的一个学生以前在一个中学当咨询师，她说学校里有个有暴力倾向的学生，每天都威胁同学，说打人、杀人或是血淋淋的东西，全校老师都怕他，所有的人把他供起来，等着他毕业，没人敢惹他。找家长时，家长说"我管不了，送学校就是老师你来管"。这种特别不靠谱，家长在孩子小的时候就养得非常不好，从养育三原则的角度，他没有教会小孩不可以伤害自己，也不可以伤害别人，包括威胁要伤害别人。难说家长是不是一个有暴力倾向的人，当年家长错误的养育，导致学校老师和其他孩子要承担他们养育不当造成的后果。

很多家长对学校的态度是"我把孩子交给你了，最好你来管"，这是特别糟糕的一种家长的心态。还有些家长的心态是"我是没有教育能力的，所以我希望老师能承担这个责任"，但是实际上老师是承担不了的。我给家长做讲座的时候，会问家长："你有没有想过你一天多少个小时跟你家孩子在一起？你都没养好他，你为什么觉得一个老师上课45分钟，底下坐着45个孩子，每个人平均只有一分钟的时间，老师能养好你的孩子？这不是幻想吗？"家长会投射他们的幻想，然后老师会投射性认同，觉得"我确实有超凡的能力"，但真是这样吗？老师真的能承担吗？

给老师做讲座的时候我也会说这个事情，我说："你凭什么觉得你有这个能力？和孩子在一起那么长时间，家长都教育不好，你认为你有这个能力？那你要花多少时间去搞定这个事情？"有的老师确实能改变孩子，比如有的小孩早年依恋有问题，老师给一点点关爱，有的时候是有效的。但很多时候其实是无效的，有的老师是被投射了，然后就投射认同了，努力去替人家养这些孩子。由于一个人的时间和精力有限，这些老师的代价是不管自己的孩子。这就变成了一个怪圈，该养好孩子的那个人不养好孩子，结果孩子变成了一个大的社会负担，所有的人都会被卷进这个负担里，别人要抛家舍业地去管，这是一个非常荒谬的逻辑。

家庭是一个细胞，每一个健康的细胞加起来才是一个安全的、健康的社会。家长不能好好养孩子，自己的家庭不能形成一个健康的细胞，然后把包袱甩给老师，从道理上来讲这是不恰当的。当然也有一部分老师真的能搞定甩来的包袱，这也很奇妙，也可能那个孩子需要的东西正好就差那么一点点，老师给补上了，但是更多的老师是不堪重负的。我们必须明白，生育是要负责任的，评估自己的养育能力再决定生不生，生了孩子就要负担巨大的养育责任。父母才是孩子的监护人，除非被剥夺监护权，父母有不断学习成为好父母的义务，而不是把责任推给老师。

我们要知道老师和家长交往的边界是什么，该如何交往。有的时候家长神化老师，觉得老师可以帮家长解决很多问题，但是有时可能会导致孩子失学。有的家长跟老师说，"我们家小孩在家天天睡懒觉，作业也不好好做，你说说他"。尤其青春期的小孩，有的时候家长这种暴露孩子隐私的话，会让孩子觉得家长背叛了他。家长在跟老师说这个话的时候，自以为是想让老师帮忙，但是有可能是在给老师递刀子。家长递完刀子以后，老师再用这个刀子伤害孩子，比如当着全班同学的面说某某某在家也不好好做作业。被批评的孩子就会觉得学校这个地方没法待了，就不去上学了，他的学业生涯从此就结束了。

不敢跟老师交流

家长还有一个倾向是不敢跟老师谈。小孩在学校里跟不上，公立学校老师要求孩子必须跟上，我觉得家长要去跟老师谈"我们跟不上，混一混也行"。家长觉得这不能谈，他们就会选择去私立学校，这样就不用谈了，私立学校可以容忍孩子成绩不太好。我觉得这是可以谈判的，在能待和不能待在公立学校之间有无数种选择，只是怎么待的问题。

很多自闭症小孩最后都到私立学校去了，我觉得私立学校简直就是高功能自闭症小孩的"收容所"，因为家长们觉得没办法跟公立学校的老师谈，小孩就是完不成那些作业，小孩就是会有各种各样的行为问题，所以家长就会说我离开这个公立学校，我去上私立学校。私立学校因为钱收的多，家长因为交了钱就可以开口去跟老师谈了，说我想要什么。

本来有些私立学校管得也不是那么严，差不多就行了，所以很多小孩转到私立学校。家长大概是觉得自己花了很多钱，和学校谈判很有底气，其实公立学校你也是花了钱的，家长不要以为自己的孩子上公立学校没花钱，实际上父母纳的税里面一部分是给老师开工资的，父母也是养着老师的纳税人。父母不是没花钱，明明父母花了钱、纳了税而没有用这笔钱得到相应的服务，然后跑到私立学校去了。大家都是按比例在交税的，学校到底朝什么样的方向发展，作为纳税人的父母还是可以谈的，没有什么不可以谈。

可以谈到什么程度？事实上就算你真的不做作业，老实说学校也不能开除孩子，不过家长要脸皮厚。而脸皮厚对于很多家长来说特别难，脸皮薄、玻璃心，家长自己这一关都过不了，何谈保护孩子，帮孩子过关呢？

当然文化在变迁，每一代家长不太一样。我2007年的时候经常让学生去做访谈，访谈家长和孩子，比如说学校有校园霸凌，或者有老师可能对小朋友不好，这类事情你觉得父母应该去找老师谈吗？这个访谈话题，更早年的时候，得到的大部分回答是，父母不会找老师谈，孩子也觉得父母没能力解决问题，甚至都不会告诉家长。但近几年，同样的问题，很多小孩说我觉得我爸爸妈妈应该找老师谈谈。其实已经慢慢能看出来，一代人比一代人更有力量了，很多事情也变得可以谈了。

08. 辨别是谁的问题

以后可能在老师的评价系统里，成绩也不列在一个特别重要的位置上了。现在据说小学生开始不那么关注成绩了，小学一二年级的时候，快乐教育，"双减"之下，期待小朋友的负担能越变越小，能有个更幸福的童年。

之前我提到过的一个特殊儿童，家长跟老师说："我们不重视成绩，您就态度上对我们好一点儿就好了，我们作业做不完就算了，作为家长我们也不介意，他在学校高兴就好。"当时老师觉得这个妈妈不可理喻，两年后老师发觉孩子发展得还挺好的。后来这所学校实行了个特别好的规定，每个学期一个班都有一两个名额可以不参加期末考试，怕考试的学生就可以不考了，孩子妈也是个能人，得到了班里那个不用考试的名额。我问她后来用了这名额吗？她说没用上。她跟儿子说我们不用考试了，妈妈争取到不用考试的名额，小朋友特别高兴。结果到考试那天，她儿子上学去了，同学一看到他，不知道他有不用考试的名额，就把他拉到考场去了，说"快走吧，去考试吧"。她儿子还没搞明白状况，就被拉进了考场。因为他是一个特殊儿童，大家都很照顾他，习惯了带着他跟着大部队走。

在我看来，学校也在慢慢变得宽容。那个小朋友过了好几天好日子，当时拿到免考名额，小朋友以为不用考试了，在家特别舒服地过了好久，结果被拉去考试的时候也没有多紧张。他处在一个非常放松的状态，体验特别好，舒服了好多天，被拉进去考了一次试也无所谓。这个免考名额，对家长的心态影响更重要，不然每次考试前，家长自己的心态就开始崩溃，鸡飞狗跳地和孩子纠缠，不是要做这个就是要做那个，家长的焦虑难以克制，免考名额让家长也放松了下来。

家长怕老师

有一些家长不敢正面面对老师，孩子可能出各种问题，家长接受老师的批评，回到家就"修理"自己的孩子，宁可与孩子有破坏性的冲突，也不愿意面对老师的抱怨。比如有一个家长说他总打女儿，他认为女儿总是找打，每天早上他俩就开始纠缠，这个爸爸每次会先好言相劝，最后忍无可忍就会动手打女儿一顿。我问为什么？他说每天早晨她不是忘了红领巾，就是忘了别的。孩子爸是自由职业者，上班时间比较灵活，所以爸爸送女儿上学，妈妈没有时间。爸爸长得高高大大的，看着很强悍，没想到强悍的身体里住着一个怕老师的小孩。

我说你女儿没戴红领巾就没戴呗，他说他已经买了无数条红领巾，特别生气，我说你就不给她买，她进去被批评一下，有什么了不起的，他就说他不想让女儿犯错误，所以他俩经常有这种冲突，他就打了女儿。我说她不戴红领巾进去，老师也不会打她呀，最多扣两分，说她两句，其实没什么关系，她被老师说完后自己会戴好红领巾的。她爸爸为什么要打她？其实是爸爸不敢面对老师，爸爸打孩子，是因为他觉得他要把这个孩子弄成没有任何错误的样子送进学校里，没错误老师就不会找他。然而孩子就是会出各种各样的状况，爸爸对孩子出的各种各样的状况的忍耐力是非常差的，后来我们在咨询中总结出他自己很难面对老师，他希望孩子完美地进入学校，这样老师就不会找他的麻烦了，家长提前替老师惩罚了孩子，而且极其严厉。

很多家长都会有这样的想法，不要给老师添麻烦，这些严苛的要求甚至会妨碍孩子对身体的控制感。比如，小朋友都会有上厕所的问题，我在学校开沙盘游戏课的时候，招募4～6岁和6～10岁的小朋友，我们发现上厕所竟然是小朋友特别关注的一件事。4～6岁的小朋友上厕所这个议题是最常见的，基本上来了之后，动不动就想上厕所，其实并不一定非要上厕所，但是上厕所是仪式化的、跟控制感有关的。

小孩很怕跟老师说上厕所的事情，经常会尿裤子。有家长跟我说："我跟我儿子说，你去跟老师说，我有尿的时候要上厕所。"我说为什么不是你说？我说这事是你作为家长要挡在他前面，你去跟老师说的，你才是需要去跟老师谈判的成年人，你是孩子的监护人。有枪子儿，得家长挨呀，你让小朋友"挨枪子儿"吗？如果老师拒绝了他怎么办？像这种事情家长都得私下跟老师说，不要让孩子看到你和老师当面谈，万一被拒绝呢，得和老师谈清楚了之后允许孩子比较自由地上厕所，再当着孩子的面跟老师说，我们什么时候想上厕所就能上厕所，父母处理这个事情的过程应该是这样的。

就好比前面的那个家长，要和老师先谈一下，女儿偶尔会忘记戴红领巾或者忘带作业本，该扣分就扣分，我们尽量注意提醒她，但是有时候做不到位,老师也不用那么介意。也告诉女儿,忘了就忘了,接受学校的小惩罚就行了,批评总比被爸爸打一顿好。家长该面对老师的就面对老师,被老师批评一下也是做家长的责任,和老师承认错误的态度要好,说自己回家一定会教育孩子,转过头可以和孩子说,在没违反三原则的情况下,偶尔犯些错误也正常,爸爸妈妈被老师批评一下也不是大事。

贪心

贪心的问题一般常见于处在康复期的孩子和家长身上,当然老师也有,我见过各种心理问题的孩子,在康复期会有明显的变化,好的变化,家长也能看出来孩子的变化,会促进孩子的变化,老师也能看出来,老师可能还觉得是自己教得好,然后追加筹码,以证明自己的能力。这个时候家长必须控制各方的贪心,尤其是家长自己的贪心,我反复强调,家长才是监护人,是各方的协调者,不要被孩子正在慢慢变好迷惑了,太多的推动可能适得其反,欲速则不达。

我以前咨询的一个家长,他儿子是我看到的第一个有自闭倾向的小孩出现明显康复迹象的,家长也能看出来小孩在康复,实际上孩子真的变得挺好的,结果妈妈就不来咨询了,把小孩送到早教机构补课去了。小孩四五岁,过了半年,这家长又带着孩子回来了,说又坏了。这个案例说明孩子的底还是没打好,家长千万不要把"要努力把落下的课补上"这种想法施加在孩子身上。

08. 辨别是谁的问题

家长也要明白老师也会在孩子身上找成就感，甚至有些老师要写论文，老师用他的方法，如果效果还不错的话，论文就写出来了。每个人都可能会在孩子身上实践一下自己的理论，家长要判断别人在孩子身上实践的过程风险有多大，必须把这些风险扼杀在萌芽中。当然，家长如果把环境设计得比较好，有利于孩子的康复，孩子康复的功劳可以一部分归到老师身上，毕竟老师也是参与者，要让老师在这个过程中享受成就感。但是家长必须要在这个过程中把控孩子的生存环境。

家长经常会遗忘自己到底想要什么，一旦孩子开始变好，他们就忘了初衷了。孩子出问题的时候，家长觉得只要孩子活着，或者孩子能在学校待着就可以了。一旦孩子开始变好，家长就期待课要能全上，作业能做完，甚至还要又快、又好、又准。如果孩子精细动作不好，字写得不好，就要多练，你会发现父母的要求会呈几何级数增加，这会导致更多的问题。我在做咨询的时候会跟家长反复确认他的初衷，家长要不忘初心。

我跟来访的家长谈的时候，很多时候其实就是在不断地确认发生的事情有没有违反养育三原则，除此之外的事情是比较小的事情，家长不必过于紧张。家长跟老师谈的时候也要按照三原则去谈，某些事可能不是大事。家长有时会放大问题，会把小事想成大事，比如孩子字写得不好看，将来人家会看低你。这些都是小问题，不要放大了，这不是什么大事，孩子既没伤害自己，也没伤害他人，也没破坏大的财物，只是今天字写得不好。我在北大教书看到学生写字特难看，也考上北大了，所以这真的不是什么大问题。家长要不断地去确认这件事情是大事还是小事，在内心深处要明白不要把小事灾难化，不要因为孩子在康复就把注意力放在了很多小事上，然后在鸡毛蒜皮的小事上不断追求完美，一步登天，想赶紧把以前落下的都补回来。对于这些小事的执着，花费大量的时间，甚至想追回来失去的时间等，这样做可能会让事情变坏。放慢脚步，未来才可能走得更远。

家长的过度专制或者忽视

家长在养育孩子的时候，对于孩子的把控力是怎样的？居中比较好，不能完全不管孩子，不能伤害自己，不能伤害别人，不能破坏贵重财物，这些原则性的事情要管，但是也不能管得太严，专制和忽视都不可取。

家长的专制

正常情况下家长不只是管孩子听不听话，小朋友如果不听话，家长要能和孩子谈判，和孩子商量，这是一个技能。但是有些家长比较专制，就是想要"一言堂"，希望孩子听话，不管用什么方法，孩子听话就行。被家长死死捆住的孩子很可能将来会出大问题，看起来很听话，这种就是没长大的小孩，或者变成专制型的人，成为父母的翻版。如果按照养育模式来分类的话，这类家长是专制型父母，甚至为了掌握孩子的绝对控制权，会对孩子施加暴力。

家长的忽视

留守儿童就是家长的一种忽视,父母对自己的孩子处于无监管的状态,把孩子留给精力不济的祖辈。留守并不一定意味着贫穷,比如父母出国留学,把孩子留给祖辈,或者在国外生下孩子送回国养,也有父母做生意异常成功,却都不参与养育的,把孩子给保姆养。我们常常说的"丧偶式育儿",也可以理解为父亲在孩子监管中的缺位。这种忽视会让孩子觉得自己不重要,孩子没有足够的父母保护便无法与外界有更好的接触。

家长的放纵

放纵也可以叫溺爱,有些家长觉得孩子已经过得够苦了,不要再给孩子加负担了,所以对孩子没有任何要求,甚至当孩子对他人造成伤害的时候,也不去制止和监管;也有些家长不去监管,是因为害怕和孩子有冲突,他们不知道怎么应对亲子之间的冲突;还有些家长是因为担心监管孩子、指出孩子的问题并让孩子承担相应的责任,会伤害孩子的自尊心,家长就退缩了;另一些家长所谓的溺爱是为了减少自己的麻烦,替孩子做了过多的事情。放纵很可能会导致孩子对他人和自己的伤害,而剥夺孩子体验式的溺爱很可能会导致孩子的无能。

父母在孩子的管理和教育方面如何把握一个恰当的度,是需要不断学习的,需要不断磨合和调整方式和方法。如果父母在这个方面有非常大的问题的话,建议找家庭咨询师谈一谈。

在父母监管不力这方面，出的事情很多，很多恶性案件都可能和父母的养育问题有关，比如不能克制自己的暴力伤人、杀人，这可能部分源于父母专制独裁引发的愤怒外指，也可能是父母放纵让孩子觉得父母能给自己兜底。还有一些自伤、自杀的，很可能源于父母专制和忽视的养育方式。我们要做的最主要的是防止出事，以预防为主，真的出了事，有的时候可能已经晚了，或者应对起来效果也没有那么好，无法保证马上就能解决，亡羊补牢可能补不好，预防才是关键。所以，我很想用这些案例提示父母，要在更早的时间做自身调整，不要犯大的错误，否则可能追悔莫及。

父母的焦虑

家庭治疗里有个关键的部分就是讲父母焦虑对家庭的影响。比如3岁了孩子还不会说话，父母异常焦虑；孩子不爱说话，小学面试不能通过，父母异常焦虑；孩子发展状况不好，6岁不能上学，父母异常焦虑；孩子在学校表现不好，父母异常焦虑；最糟糕的莫过于孩子不上学了，只能在家待着，父母更加焦虑，觉得孩子这辈子都完了。

父母对孩子有适度的焦虑是好的，但是这个焦虑变成弥漫性的慢性焦虑，只会增加孩子的恐惧，无助于解决问题，更有可能放大问题。

比如孩子不去上学了，有的时候家长得接受孩子这辈子可能都不能上学了，其实也没有太大的关系。我当年咨询的一个女孩，17

岁来诊，到现在好几年没去上学，但是她的抑郁问题解决得相对比较好，她已经错过了上学的年龄。她来的时候处在青春期，17岁，现在已经过了上中学的时间，她妈妈的焦虑水平也降下来了。在同龄人上中学的那个时间里，她妈妈的焦虑水平非常高，觉得还可以搏一把，也要面对外界的评价以及自身的羞耻感。好多时候到后期父母可能也要接受，现实未必像父母想得那么好。有一些不上学的孩子能回去上学，也有一些孩子从此就不去上学了。其实，就算不去上学，在我们现在这个时代，获取教育资源的机会比以前任何时候都多，不上学不是什么灾难性的事情。

而我们要帮助父母的是怎么控制焦虑，不去做有破坏性的行为，有些家长为了应对自己的焦虑把孩子送进网瘾学校，给孩子造成了不可逆的心理创伤。

婚姻问题

我们做家庭咨询时，一个重要的理念就是所有的亲子关系问题背后都可能是孩子父母的婚姻问题。

有的孩子通过网络成瘾，让父母不再吵架，父母把时间都用在解决孩子的问题上，婚姻问题就像消失了一样。有些孩子只要父母一吵架，他们的哮喘病就会发作。孩子的问题，如果在婚姻咨询师看来，就是孩子牺牲自己的福祉，把自己作为一个靶子，让父母向他开炮，孩子会下意识地挽救父母的婚姻。

在我咨询的案例里就有孩子康复时，父母不再在咨询室唠叨孩子的问题，而变成了相互指责。

其实父母发生冲突或相互指责还是比较好的，更糟糕的可能还会涉及家庭暴力或出轨。比如父亲出轨，但是之后并没有很好地处理这个婚姻中的伤害，对孩子造成特别严重的创伤。母亲对孩子会有下意识的攻击，因为她攻击不了那个在婚姻中真正对她施害的人，就会转而下意识地攻击他们的孩子。这些孩子里有患自闭症、抽动秽语综合征的，也有严重抑郁、网络成瘾的。如果是在生育之前，问题就存在，就我看到的案例，生育对后代就是灾难，还不如离婚。有些婚姻问题在女方怀孕生育之后出现，那么受害者只能被迫接受有了孩子这个结果，受害者会很愤怒，解决这个愤怒也是不容易的。不能承担婚姻责任的人不要随意结婚，一旦出现问题，我们建议赶紧去做婚姻咨询。父母的婚姻问题是儿童问题干预中无法回避的一环，特殊儿童、上学出问题的儿童，如果问题背后是父母的婚姻，更应该找专业人士处理。

婚姻问题中还会涉及一些家庭边界的问题，比如父母和孩子这个核心家庭是与谁住在一起的，会不会因双方父母参与而引发矛盾。最常见的就是婆媳问题，也可能是导致孩子出问题的原因之一，这个内容我们在后面会专门讨论。

婚姻出问题，很多人觉得最简单的解决方法就是离婚。作为家庭咨询师，我们还是要首先判断一下这么做有没有危险，比如一些咨询师认为涉及家庭暴力的应该劝离，其他的可以试着调整。婚姻咨询是一个非常重要的专业领域，专业的问题应该求助专业人士处理，不要以为这就是儿童的问题，处理好了就没事了。治标不治本，后续还是会出问题。

父母原生家庭的问题

父母的原生家庭存在虐待，父母会通过生育，通过伤害他们的孩子，把早年压抑的愤怒倾泻掉，好像虐待孩子是他们治疗自身早年心理创伤的良药。

有一个孩子妈妈说，她小的时候父亲去世了，母亲有一段时间把她交给奶奶抚养，后来她妈妈再婚把她接过去住，她妈妈和继父都打她，家暴特别厉害。从她上中专离开那个家，到她结婚之间，是她人生最幸福的一段时间。她结婚后，婆媳关系不好，她还把孩子送到婆婆家养，后来又觉得婆婆养得不好，她也对孩子有暴力攻击行为。她觉得婆婆忽视孩子也是一种虐待，后来孩子自闭她归因到婆婆身上。那个小孩在某些方面康复得比较好，会说话、能上学，但因为孩子妈妈的暴力攻击一直存在，所以孩子到青春期呈现出特别多的症状，情绪非常不稳定，经常歇斯底里爆发，也会有非常强的攻击性。

早年被创伤了的人，带着这个创伤，通过攻击他的配偶和孩子(也有可能这个人成年了当了老师会攻击他教的学生)，试图修复自己的创伤。结果就是被攻击的小孩产生一系列症状，这些孩子也会憋着一股劲儿，等着将来通过攻击他们自己的小孩来修补早年的创伤。这就是攻击性的代际传承。

代际传承

有一个初中男孩，不上学，网络成瘾，跟家暴有关。男孩的爸爸以前总打妈妈，后来妈妈受不了了，终于离婚了。离婚以后妈妈出国打了一段时间工，这期间爸爸在家就打这个男孩，男孩后来状态不好休学了，爸爸也应对不了，跟他妈妈说"你回来吧，保证不打你了"，妈妈就回来了。回来以后，他爸确实是不打他妈了，但还是会有语言暴力，还是会打这个男孩。这个爸爸早年是被自己父母打大的，男孩的爷爷是老一辈的大学老师，这个爷爷不仅打老婆，还打孩子，他们家就认为打孩子很正常。以爷爷那一代的文化水平来说，如果孩子养得不差的话，这个爸爸正常情况下能够成为一名大学生，从遗传角度来说没有问题。但爸爸学习不好，还有非常严重的心理创伤，最后成了当地的一个工人，现在这个男孩也失学了。我们能看到，代际传承的暴力会导致阶层跌落，在他们家特别明显。

当然也有面对家庭暴力没出问题的，比如虎妈狼爸，孩子很坚强，管它是精神虐待还是躯体虐待，都能扛过去，好像没有事儿。这些家长还到处去做讲座，推广自己当虎妈狼爸的经验。而这只是个例，不值得推广，殊不知有多少小时候被如此养育的孩子现在正经受着精神疾病的困扰。

破坏性的养育，只在个别孩子身上才不会在上学方面出问题(其他方面估计还是有很大问题的)，大部分孩子没有那么坚强，因此失

08. 辨别是谁的问题

学或者出各种各样问题的情况还是很多的。

父母错误的养育方式，某些时候可能会被无限放大，变成孩子的症状。实际上是父母的问题，但孩子却出现了抑郁、绝望等症状。

有些人，家庭背景和养育经历非常差，但是这些人活下来了，还考上了大学，工作挺好，看起来一切正常，甚至被媒体当作榜样来宣传。这些人看起来只要遇到一个或者几个对他们好的人，就可以相对健康地成长。但是，根据我的咨询经验，这些人是可以长大的，但并不代表内在真的健康。这一代看起来没有呈现出症状，但他们实际上是有各种潜在的问题的，他们可能会把症状传递给自己的孩子。他们在养育过程中，可能会系统性地攻击自己的孩子，孩子会表现出症状。当一个人在糟糕的情况下成长起来，表面上看起来健康，但是不是真的健康？这还要看他的婚姻和养育孩子的情况。

有一个强迫症的男孩，他说他妈妈有问题。什么问题呢？他妈妈小的时候被家暴，孩子的外公打妈妈，妈妈看起来健康长大了，也考上了大学，结婚、生孩子了，把孩子养到上初中，看起来还好。可是你会发现，因为她小的时候不安全，所以她有特别多的规则，她拿这个规则要求自己的儿子，她对儿子有特别多的不满意，她要求儿子必须按照她的标准做。这个男孩后来得了强迫症，不能上学。男孩康复后，就回过头虐他妈妈。他妈妈说自己可惨了，"我儿子嫌我脏"。我问怎么嫌你脏？她说儿子看着她，坚决要求她在洗脚的时候一滴水都不能滴到洗脚盆的外面去，不允许她把地面给弄脏了。

她儿子嫌她脚脏，不让她把脚搭在茶几上。原来这都可能是小的时候妈妈管儿子的方式，儿子现在回过头管她，她说"把我看得死死的，天天虐"，而且还差别对待。不让妈妈往茶几上放脚，但是猫可以上茶几。她说这多不公平。其实原来这个妈妈是一个施虐者，因为早年被家暴，她用她的方式对儿子施暴，使用严苛的规则。男孩就出问题了，孩子想康复，又把这套东西还给了妈妈。

男孩中学时休学了，有严重的强迫症状，觉得哪儿都脏，反复洗手，后来变成用手纸，不直接接触他要碰的东西，比如用手纸垫着拉门把手。

我们能看到，早年的创伤，导致妈妈在养育自己的孩子时，系统性地对孩子有下意识地攻击。她不是有意识的，如果知道这会导致儿子得强迫症的话，我相信她会处理的，但是她不知道，她以为这是好的养育方式，但却引发了孩子的很多心理问题。

我们在处理这类咨询时，要让来访者看到他们家代际传承的模式，他们要做出怎样的改变，避免把有问题的养育模式一代一代传下去。

传统文化的问题

可以说，婆媳问题本质上就是婚姻问题，婆婆过度卷入儿子的小家庭，造成儿媳妇以及孙辈的心理出现各种问题。

有这样一个案例，一个女孩出问题来就诊，妈妈也是抑郁的。

08. 辨别是谁的问题

这个家的婆婆是寡妇,当初结婚的时候,刚装修好婚房,夫妻俩还没去住,婆婆先搬进去了。婆婆在家里一通搅和,妈妈就抑郁了,吃抗抑郁药。婆婆每年带大姑姐的孩子出去旅游一段时间,那段时间他们家非常和谐。很多小孩实际上是家里所有人攻击的一个出口,攻击孩子,孩子也不会跑,孩子就成了一个被动的承受者,各种症状会在孩子身上表现出来。

另一个案例,当孩子试图去解决家里非常复杂的问题时,就生病了。有一个大学男生来做咨询,他已经休学了,心理压力特别大。他说实际上他不是上大学之后出的问题,而是初高中的时候就已经出问题了。他的问题是什么呢?他说他一直试图努力学习,以解决他们家的家庭问题。他们家生活在一个偏僻的农村,不是很富裕,他和妈妈一起来咨询。他妈妈是从夫居,嫁到他爸爸的家族里,婆媳关系不好,婆婆多多少少有虐待儿媳妇的味道,他爸爸也不能保护妈妈。因为夫妻关系不好,他妈妈过得很苦,也可能有严重的抑郁问题,儿子就会进入一个状态,希望自己能保护妈妈、拯救妈妈。

如果我们仔细去看,会发现在我们的文化下,很多家庭都是二郎救母的状态。看上去男性没有受损,但实际上对于儿童来说,因为妈妈是抑郁的,孩子的身心是受损的。不健康的妈妈在养孩子的时候,就会出各种问题。

我问他有问题了会怎么样?他就很纠结,他希望父母能解决问题,但父母看起来又不能解决问题。他就挣扎着想要学习好,他觉得如果自己出人头地了,或者有钱了,就能平息所有的问题,但他的能力又不足以做到这样。

他的妈妈，作为一个抑郁的人很悲惨，她找谁诉说？农村也没有心理咨询师，家丑不可外扬。她不能找外人诉说，找老公诉说也不行，在当地的文化下，她老公肯定向着自己的妈妈。作为一个男性，他并没有通过婚姻组建真正的新家庭，而是仍然留在原生家庭里，他对他的新家庭其实是负不了责任的，他不能保护妻子，也不能保护孩子。所以作为妈妈，她诉说的对象只有她的儿子，儿子变成了心理咨询师，所以儿子承受着巨大的心理压力，特别想更快地成长，更快地挣到钱，更快地拯救自己的妈妈，解决所有的问题。但事实上他只是个青少年，作为孩子，他本应该成为孩子，可是在那个时间里，他不能让自己做一个孩子，因为那个家已经很混乱了。

这个男孩在他非常小的时候就被卷入了一个状态，他要去抚平父母的创伤，他要解决妈妈的抑郁问题，解决妈妈和爸爸的婚姻问题，解决妈妈被奶奶欺负的问题。但实际上他无力解决一个家庭系统里的问题，所以他自己变得抑郁，拼命挣扎，像掉到水里出不来的感觉。

在很多同类家庭里，这应该是很常见的亲子模式，也是儿童出问题的模式。混乱的家庭，孩子想成为拯救者，确实也有一部分孩子真的成了拯救者，这个孩子就会被媒体放大，说他拯救了家庭，成为"感动中国式的人物"，成为"道德楷模"。媒体共谋了一个"穷人的孩子早当家"的榜样。

一部分早当家的孩子确实有榜样作用，但是你会发现，如果大多数人都朝这个方向走，在家庭治疗里，这种情况被称为结构倒置，就是结构翻转，该是孩子的那个人，成了父母的父母，成了父母的心理咨询师。父母无力解决自己的婚姻问题和混乱的家庭问题，令孩子背上了不必要的心理负担，这个孩子得精神疾病的可能性更大，成为榜样的可能性实际上跟中彩票差不多。

我们在做咨询的时候会发现，这样的孩子多半都会出症状，因为他想更快地成功，心理压力就会特别大，他不可能按照正常的速度发展，实际上即使按正常速度走，也未必会成功。不是每个人都是天才，能解决一切问题的。

咨询要解决的是什么？自我分化。孩子父母的问题应该他们自己去解决，父母是成年人，作为孩子不能背负那么大的负担，孩子就该是孩子，他能把自己顾好已经很不错了。我不知道他和他妈妈听明白没有，因为我们只做了一次咨询。从这个案例中我们能看到，孩子不上学的背后是整个家庭的问题。

当然这只是单一个体和家庭层面的干预方式，从大的社会学角度，在文化系统上要改变婆媳关系和混乱的家庭局面，父母和孩子这个核心家庭要和祖辈保持适当的距离，比较好的人际边界是婚姻健康的保障，父母健康才是孩子健康的保障。

哪些"不良行为"可以保留

在养育孩子的过程中,我们可能期待孩子改掉所有的不良行为,觉得这样才算成功,而且是终极目标之一。可是在咨询中,我认为有些所谓的不良行为有其存在的功能和意义,其中最重要的就是抵抗焦虑。如果孩子的这些不良行为消失,则可能意味着焦虑爆发,那么在焦虑并未减轻之前,我不建议完全剥夺某些不良行为。

不是说所有的不良行为都可以容忍,比如上课大喊大叫、影响别人的行为,就不是可接受的不良行为。面对这种情况,就要和孩子商量哪些是可以接受的不良行为,以作为替代,比如上课时看漫画书、自己画画等,虽然还是不听讲,但是不同程度的不良行为之间还是有差别的。

以下我主要探讨的是与多动症、自闭症和网络成瘾相关的家长和老师不能容忍的不良行为。我想说的是，在一定的程度上，家长要容忍某些不良行为，而不是真的让它们消失，这样孩子才能走向康复。

多动症

关于多动症的成因，其实并没有统一的说法。有人认为多动症是大脑额叶皮层发育延迟或者没有发育好，也有人认为是感觉统合失调。后者通常主张感觉统合训练，这个训练目前在市面上是非常流行的。

但是从我做咨询的经验来看，我认为多动症可以借鉴创伤后应激障碍的诊断。虽然可能达不到创伤后应激障碍的程度，但是可以推测多动症的孩子遭遇过某些微小的创伤，而多动和注意力不集中是他们面对压力或者创伤的保护性反应。

我们先看多动症的核心症候群，主要是两个部分：一个是注意力不集中，一个是多动。注意力不集中被认为是多动症最核心的表现(症状)，原因之一(我猜测)是注意力的缺损会导致孩子学习比较差，而在学校，学习差这件事是不可接受的。另外，老师看到学生明显注意力不集中，一方面会认为他不认真，影响学业，进而影响老师的绩效评估；另一方面，老师如果脆弱的话，就会认为这个学生不尊重自己，老师会自尊受损。而有多动症的孩子在学校里不能被接受的原因更多的是他们的多动会影响课堂纪律，尤其是有的学生会在教室里乱走或者跑出教室，在管理上给老师带来困难。

接下来，我们来看创伤后应激障碍的诊断标准。创伤后应激障碍的一个诊断标准就是注意力不集中，尤其是涉及儿童，有心理创伤的儿童都会有注意力不集中的问题，而多动症、自闭症的孩子更为明显。其实还可以考虑加上网络成瘾，孩子网络成瘾可能让人忽视了他们注意力不集中的问题，抑郁症患者也有注意力不集中的问题，变态心理学中的各类心理疾病多少都和注意力不集中有着某种关联。

那么我们要怎么看待注意力不集中和多动的问题呢？很可能因为微小创伤，或未必是创伤，就是孩子自我暗示的威胁都会增加他们的焦虑。比如我见过一个小女孩担心自己写的作文达不到老师要求，和老师的要求不能完全契合，于是在家里不停地折磨父母，认为父母讲得不对。这类孩子太害怕老师，太害怕被批评了，可能老师也未必那么吓人，他们只是在自己吓自己。在创伤后应激障碍的诊断中，患者本身就有严重的恐惧，可能是伤及生命的；而多动症的孩子没这么严重，但是却处在持续的焦虑中。

当创伤后应激障碍患者面对他们真实的或者想象中的恐惧时，他们可能会发展出一种我们在心理学中称之为"解离"的状态来逃避自己的焦虑情境，以多动的症状来降低自己可能面临的焦虑。而多动症的孩子为了应对焦虑的环境(并没有创伤后应激障碍那么严重)，他们发展出的解离症状可能比较轻微，就是为了回避令他们紧张的环境，很容易被外界吸引而转移注意力，不关注在成人看来最重要的信息。他们会通过这样一种心不在焉的方式，逃离他们认为有威胁的环境，进而达到自保的目的。如果他们无处可逃，就可能会陷入极度焦虑中，甚至可能会引发更严重的问题，或许这种注意力的转移是一种针对焦虑的"降温"行为。

如果我们假设多动症和微小创伤以及焦虑有关，孩子的注意力不集中就像是孩子没在当下这个地方，思想逃走了，逃是为了让自己安全。如果你没有让孩子先感到安全，把孩子揪回这个他恐惧的世界，他很可能在别的地方就会出问题了。我们要解决的是孩子症状背后最原始的部分——安全感。如果我们剥夺孩子逃避的机会或者不让孩子表达相应的情绪，都可能导致心理问题躯体化，孩子可能会生病。

所以，对于看起来注意力不集中的孩子，偶尔提醒一下就好，不必执着于迅速解决孩子注意力不集中的问题。如果没有解决问题背后的恐惧和焦虑，那么在很长时间内注意力不集中的问题可能是持续存在的。至少在课堂上他要慢慢感知到课堂是安全的、有吸引力的，孩子的注意力才会慢慢被吸引回来。当然这个不安全感不仅在课堂中，尤其是那些被家暴的孩子，他们认为所有的地方都是不安全的，在家都不安全，学校也不会安全。因此，增强孩子的安全感，降低焦虑，孩子的注意力才可能会有实质性的提升。

换句话说，在学校里，老师和家长都需要在一定时间里接受孩子注意力不集中这个症状，同时接受孩子的成绩会有一定程度的下降的现实，不要急于改变这个症状，也不必针对这个症状反复批评孩子,偶尔提醒一下就好。不要在他注意力不集中的时候提问他,如果因为孩子注意力不集中而惩罚他,会导致孩子更加惊恐,觉得学校更加恐怖。如果老师知道他什么时候注意力集中,能回答上来问题,这个时候提问一下最好,这样会减轻孩子的焦虑,提升孩子的自尊。用无症状空间去挤占有症状空间是家庭治疗所认为的康复的要点之一。我们不能要求直接灭掉症状,放弃这种幻想,任何症状的消失都可能是缓慢的,如果是急于让某些症状消失,那么压制的结果可能是出现另一个更不能接受的症状。

上面说的是理想状态,家长也希望老师能完成,增强孩子的自尊,减轻孩子的症状,但是老师不是神,不能猜出什么时候提问就一定有好效果。所以我一般会和家长说,要和老师谈,只要老师能完成前半部分就行,不要在孩子注意力不集中的时候提问他,避免孩子被吓到、被羞辱,要降低孩子的焦虑,这样的话老师更有可能执行。换句话说,在一定时间内不要干预注意力不集中,保留这个症状,然后父母和学校想办法找出孩子恐惧和焦虑的点在哪里,做相应的处理。

多动这个症状其实也可以看成是降低焦虑的方式,这还可以参照另一个诊断——广泛性焦虑障碍,其中一个诊断标准就是静坐不能、坐立不安。多动是孩子通过这些外在的行为转移注意力,让自己的情绪不会过载。所以对于多动这个症状也要选择性保留,不是说所有的多动症状都要保留,而是保留某些在学校可接受的症状。

事实上这些多动的症状,孩子可能从幼儿园就有,持续到小学

上学困难，怎么办？

低年级，可是很少有幼儿园的孩子以多动的症状为由来做心理咨询，一般都是上小学了才来做咨询，主要是因为幼儿园对学业要求比较低，对多动的容忍度比较高，老师和同学没有那么多的意见。等孩子上了小学，就可能出问题了。幼儿园一个班可能有三个老师，小学上课时只有一个老师，小学生如果多动跑出教室，老师没办法应对这个问题。如果小学生因为多动在教室乱走，影响其他同学，影响教学秩序，其他家长和老师都可能会对此有意见，家长会面临很大的压力。毕竟所有人都在对这样一个群体的教学环境做出某种妥协，而不是要给多动的孩子特权。另外，老师的评价系统可能涉及孩子的成绩，那么如果老师把多动归为孩子学习成绩不好的原因，而影响老师的业绩评估，那么老师也会对多动难以容忍。

这里就涉及家长和老师谈判，包括和孩子谈判，内容就是孩子的哪些多动行为是可以接受的，哪些多动行为是不可接受的。比如，一个男孩被老师要求家长陪读，因为他会跑出教室，老师的诉求就是他不跑出去就行，而男孩经历了从姥姥到妈妈、爸爸的陪读，都无法限制他。所以在咨询中，和男孩谈判的结果就是他保证不跑出教室，可以坐在座位上做些小动作，或者看课外书等，不影响老师的教学过程就行。对于多动症的孩子来说可以减轻焦虑的方式有很多，比如咬笔、咬手指、玩橡皮、看课外书、玩喜欢的玩具等，适度保持某些多动的症状有助于缓解孩子的焦虑。甚至他们在做这些小动作的时候可能同时也在听课，比什么都不做的时候效果好。我咨询的时候，很多小孩还玩电子游戏，家长很反感，觉得孩子不尊重我这个咨询师，但我并不介意，我觉得他们边玩也在边听，不影响整个的咨询进程，或许效果更好。如果是状况更不好的小孩，我还建议家长带些吃的，吃也有安抚作用。

孩子、家长和老师需要共同摸索出一套既能降低孩子焦虑，又能适度提升孩子注意力的方式。哪些症状可接受，哪些症状需要转化为可接受的症状，而不是一棍子打死，不能有任何的不良行为。家长最担心的是如果不让老师管孩子的这些症状，那不就是忽视孩子吗？可是我要和家长说的是，如果老师管孩子的这些症状，可能造成更加严重的问题。所以，没有绝对完美的方案，两害相权取其轻。宁肯被老师忽视，也不要可能会导致问题严重的所谓重视。家长一定不要认为老师是神，老师不是！家长才是所有问题的承受者，家长要做出取舍。

另外，对于孩子到底存在哪些方面的焦虑的问题，家长还是应该带着孩子找儿童领域的专业人士去做有针对性的干预，解读孩子注意力不集中和多动背后隐藏的问题，治"本"后，那个"标"自然会解除。

自闭症

在所有的心理障碍中，自闭症孩子的外显问题有的时候是最多、最明显的，家长和老师也最想矫正。自闭症的另一个诊断范畴被划在广泛性发育障碍中，这代表着自闭症的孩子，从运动、语言、人际，到智力和自我控制能力，集各种问题于一身，改了这个，还有那个，甚至需要同时改的地方太多了，全身毛病，如同刺猬。家长和老师要把刺猬所有的刺一次性都拔掉，那刺猬得遭受多大的创伤啊！

所以，我们在面对有自闭倾向的小朋友的时候，就要抓住主要矛盾，除了违反养育三原则的事情要管——不能伤害自己、不能伤害他人、不破坏贵重的财物，更多的时候父母要做的是创造能够容忍孩子的环境，当然不是以破坏其他孩子的学习环境为代价。我相信非自闭症的孩子，也会有我下面所说的某些情况。

第一，自闭症儿童上幼儿园和上学会有多动的问题。如果是轻微的多动，参见我们前面说的多动症的处理方式，这种时候可能不需要陪读，但是严重的话，就需要陪读的介入了。自闭症儿童的多动和多动症儿童的多动最大的差别是在量和质上的，自闭症儿童的症状无论在频率，还是强度上都是更高的。当然不是所有自闭症儿童都多动，有些是完全不动的，好像吓得僵住了，而另一个极端是非常多动的。多动症儿童一节课起身一两次，基本上整节课都能坚持下来；而自闭症的儿童严重的话，10～20分钟都坐不下来，要在教室里来回溜达或者乱跑，甚至跑出教室。这个强度不是一个小学老师能应付得了的，老师不可能一边上课，一边管理多动的孩子。基本上这种程度的孩子是要请陪读的，孩子焦虑了，上不下去课了，陪读就带他出去玩一会儿再回来。一天能上几分钟就上几分钟，不用纠结必须上满45分钟。

09. 哪些"不良行为"可以保留

自闭症儿童静坐不能的问题，大部分家长很早就知道，在幼儿园更明显。当别的同学都坐好的时候，孩子下地来回跑，一刻不停，也不听老师的指令，所以家长非常担心孩子未来能否上学，觉得这是最关键的一个问题，想赶紧解决。有的家长甚至把家里布置成教室的样子，希望孩子能坐好。我觉得在孩子没有准备好之前，这些基本上都是无用功，甚至会起反作用，让孩子觉得上学是一件很恐怖的事情。我和周婷老师提出的关于自闭症的假说，认为自闭症就是一种婴儿期的创伤后应激障碍。这种创伤应该是非常大的，当然创伤事件不一定那么大，但是孩子的特质是容易放大创伤，所以他们的焦虑和恐惧的水平非常高，如果没有解决这个关键问题，多动的症状也不会轻易地消失。

我在指导自闭症儿童的时候算是经验丰富的，一般就是指导家长与老师和学校协调。如果孩子还在上幼儿园，不涉及学业，那就和老师商量，让他们随便跑好了，带不带陪读无所谓，只要不跑出幼儿园或教室就行；如果是上小学，问题就严重些，可能就要带陪读了，孩子能忍受上几分钟课就上几分钟。过去我指导的问题比较严重的孩子，一天只能上20分钟的课，那就上20分钟，先熟悉环境，慢慢地孩子舒服了，就能增加上课时间了，我们不能期待孩子一下子变得和普通儿童一样。半年之后能上一节课，再过半年能上两节课，总之慢慢让无症状空间增加，而不要幻想瞬间消灭所有的症状。

在这个方面我们要走得慢一些，再慢一些，效果会更好。比如

上学困难，怎么办？

小朋友只能忍受20分钟，有经验的陪读或老师可以预估这个时间，应该在15分钟左右的时候带他出去玩会儿，而不是到他已经有崩溃迹象的时候再带他出去玩。早点儿带出去只是玩，晚点儿带出去还要安抚他因焦虑过载导致的情绪崩溃。可是我们一般都会到问题已经变得糟糕的时候，才想着解决问题。

第二，我们谈谈刻板行为。自闭症儿童会有很多的刻板行为，比如在眼前玩手、晃手这个动作，咬自己的衣服袖子或者领子、咬自己的指甲。这些看起来和多动症的小动作有点像，但不同的是，多动症儿童的小动作也就是玩玩橡皮、啃啃笔，看起来不怪异，而自闭症儿童的小动作就比较怪异了。但我还是要说，家长和老师可以尽量把不那么有风险的刻板行为固定下来，要觉得挺好、没事儿，只要忽视、装作看不见就好了，我提到的这些都算是可接受的不良行为。

如果我们强行改变某些不良行为，因为焦虑，小朋友会发展出更不可接受的不良行为。比如，破坏性行为，走到哪儿都踢倒人家的纸篓，从家里到外面，家长一路跟着道歉、收拾。家长强行改变之后，小朋友不踢纸篓了，却变成一看到别人把手机放到桌上，就把人家的手机扒拉到地上，这样的话会引发更大的冲突。

还有一些家长不喜欢孩子把口水咬到衣服领子上或者袖子上，弄得湿湿的，会制止孩子。我见过有个小女孩后来不咬领子和袖子了，而是把一大口口水吐在手里玩儿，还拉出丝。你觉得这够闹心的吧？后续发展出来的更闹心，去厕所掏粪便玩、玩马桶里的水……

09. 哪些"不良行为"可以保留

你永远不知道制止了一个不良行为后，会发生什么。

所以当一个很小的不良行为在可容忍的范围内时，我们就要容忍，甚至还要强化，最好在一定时间内将这个不良行为保存下来。就像自闭症小孩玩手，其实我觉得这是最没风险的，虽然看着就是自闭症小孩的典型症状。让孩子玩吧，你别理他就好了。家长非要改，小朋友一晃手家长就觉得这是在提示他是典型的自闭症，家长觉得只要消灭了这个症状，孩子就不自闭了。家长自己因为孩子的症状不舒服，也觉得别人会因此识别出我的孩子有自闭症，这种强烈地想隐藏、否认的倾向会令家长更想让这个动作消失。孩子如果不玩手，那么他就可能把整个拳头塞进嘴里，我们不知道孩子不玩手了会发展出什么新的行为。通常我认为压制一个症状，后续的症状可能更让人崩溃。

所以看起来你做的是行为治疗，以改善在眼前晃手的行为作为指标的话，你是把它治好了，甚至还能写篇论文说我把晃手治好了，却对后续可能会导致的可怕结果不管不顾。一般压制一个不良行为，后续会发展出其他行为问题，难道就这样解决一个问题，然后再制造一个更大的问题？"升级打怪"的过程是因为每个更难的"怪"都是干预者自己制造的，这并不是在解决问题。实际上自闭症孩子的每一个不良行为都是在缓解自己的焦虑，我们最好能挑一个最没风险的行为让它保留下来，以这样的方式缓解孩子的焦虑。家长还要说服老师，如果老师能明白的话，老师也会这样去做的。

第三，自闭症儿童也会有和多动症儿童一样的注意力不集中的问题，而且更严重，同样参见创伤后应激障碍的诊断。多动症儿童的注意力不集中看起来是很正常的轻微的解离症状，就是外界有点儿动静，他们就借机转移一下注意力，好像这个借口在逻辑上是很有道理的。但是自闭症儿童的注意力不集中就不好解释了。其实，在我看来，自闭症儿童回避看人脸是因为恐惧，他们很怕看人的脸，他们的视线会停留在人脸以下或者人脸以上，尤其不敢看人的眼睛。如果上课的话，老师有可能看到一个永远东张西望或者眼睛看天的孩子，就是不看老师的脸。

在看不看人的脸和眼睛的问题上，很多家长都从礼貌的角度从小教小朋友一定要看着人说话，无论是普通儿童还是自闭症儿童。不知情的人还以为自闭症儿童家长一定没好好教孩子这一点，自闭症儿童家长会异常委屈，他们也在努力教，比外人以为的更加努力。毕竟外人，尤其是老师，碰到一个这样的孩子，第一反应会觉得"这个孩子不尊重我"，家长也害怕别人对孩子有这样的误解，所以从小就提醒、强化和训练，但是效果都不好。

很多家长和老师希望改变自闭症儿童不敢看人的问题，但效果却不好，原因是他们的动机有问题，或者理解孩子不到位。孩子注意力不集中，如果我们解释成孩子恐惧和焦虑，不看别人的眼睛，是因为他们对人的不信任和恐惧，那么也许最初的干预就不是要求孩子去看别人的眼睛，而是这些所谓的别人，包括家长和老师要保持自己的面部表情有吸引力，让孩子觉得没有威胁。如果家长和老师改变孩子的动机是让孩子有礼貌，这就不是在帮助孩子康复，而是希望孩子的改变可以取悦他人。要知道，这是些被吓坏了的孩子，他们连自我安抚都做不到，根本不可能做到取悦他人。

所以，不看人脸，看起来是注意力不集中的问题，家长和老师可以选择忽略。只要孩子能在班里待住，慢慢地他们评估外界环境没风险，就会试探性地抬起头，一点一点地关注外界的变化。

第四，自闭症儿童的语言问题，如不说话、自言自语、语音语调怪异、话痨、自我表现要求积极发言，不同阶段的孩子表现不同。

很多自闭症儿童的语言发展是滞后的，当然普通儿童也有语言问题，比如不爱发言、在学校不说话等，这些只要老师在一段时间内不提问就好了。自闭症儿童的语言问题更加严重，有些是还没学会怎么表达，也有会表达、但不愿意表达的，怕表达错了，甚至会让周围人以为这个孩子是聋哑人。有时候，不是在学校里，而是在外面玩的时候，其他小朋友会偷偷地或者直接问孩子的妈妈："他是哑巴吗？"这时家长要维护自闭症儿童的自尊，替他说："他就是不爱说话，他会说话。"或者："我儿子很酷，不喜欢和人说话。"这个时期，老师和家长要容忍自闭症儿童不说话这一点。其实这很容易做到，只是家长会非常焦虑，觉得孩子是因为语言而无法融入人群中。我认为不是因为语言，而是因为自闭症儿童对人群的恐惧以及还没搞懂人际规则，才没法融入的，所以不要强求自闭症儿童的语言快速发展。

自言自语也是自闭症儿童非常大的问题，会影响课堂纪律。如果是在幼儿园，孩子偶尔自言自语，嘴里哼哼，幼儿园的老师和其他小朋友还可以忽视。但是在学校里，大家都在安静地听老师讲课，孩子自言自语很突兀，就变得怪异起来，而且其他孩子和家长也可能会表达不满，老师也会觉得被打扰了。当孩子处在自言自语的这个阶段，或者喉咙里发出类似抽动症孩子的声音，如果不严重，让大家忽视他就好，如果严重，那么家长就要和学校商量不上语文、数学这种课，找些课上比较热闹，别的小朋友也比较吵，不太在乎他发出声音的课，比如美术、体育之类的课，重点是孩子在学校不是想要学会什么，而是先适应，先摸索出学校是没风险的。

有些自闭症儿童因为幼年康复期训练的时候过早地被要求说话，导致他们说话的语音、语调，以及言语的结构都不太对劲，这个时候老师就要评估一下，如果上课让他发言的话同学们会不会嘲笑他。如果老师和同学都不介意，老师能控制好局面，小朋友也愿意发言，那就正常提问一下也行。如果有潜在风险的话，那就尽量先不提问，不要让小朋友在学校的生存环境恶化。

自闭症儿童在康复期有一个话痨的阶段，特别喜欢说，但是又是以一种非常自恋的方式说话，以自我为中心。他们不是聊贴近大众的话题，而是话题极其单一，所以很多孩子并不喜欢和他们聊天，那么家长不要寄希望于老师和同学会帮他挺过话痨的阶段，这个阶段自闭症儿童是要和父母一起走过的。父母才是听他们以自我为中心唠叨的那些人，这本该是学龄前的自恋期儿童语言的发展阶段，是家长陪孩子走过的，或者是通过四五岁小朋友之间聊天的互助过程完成的。但是中小学老师和学生既不是家长，也不是四五岁的小朋友，无法达到家长的期待，家长要和孩子解释一下这个过程。自闭症儿童处在话痨期时，其他人可以不陪他聊，但是不要因为他们话痨而伤害他。家长也应该让自闭症儿童有个思想准备，别人没义务陪他聊他喜欢的内容，只有父母才会。

自闭症儿童康复到一定时期的时候，有些儿童的语言会有大发展，而且会有自恋的、想展示的需求，并且会要求极度的公平。这个时期的孩子会要求积极发言，恨不得老师就提问他一个人，这就没办法满足了，但是这个症状不是大事，父母要做孩子的工作，减少他对这种满足自恋的过度预期。

其实关于语言问题，前几点还是比较好容忍的，就是不提问、忽视，让孩子觉得不说话或者说得不好也没问题，但是当要求别人配合他们说话，就麻烦了，比较难应对。

第五，退缩、胆怯及校园霸凌的问题。自闭症儿童常常会成为校园霸凌的受害者，有的是真的被伤害了，有的是他们觉得自己被伤害了。

如果我们假定自闭症是婴儿期的创伤后应激障碍，那么他们多半对外界、对人际有深深的恐惧，这是刻在脑子里的，多半会在表情和动作上呈现出来。而一些喜欢欺负别人的孩子会很快识别出这些自闭症儿童的恐惧，霸凌者很可能也是环境的受害者，比如他们被养育得不好，需要发泄愤怒，欺负自闭症儿童会让他们有发泄后的快感。自闭症儿童很可能一眼就被识别出来是可以被欺负的，他们不知道怎么反抗,而且被欺负以后的痛苦反应又很激烈。另外,自闭症儿童的语言有问题,不知道怎么告诉家长和老师,这些都会促使霸凌成为一个持久存在的问题。

凡是遇到被霸凌,最好的方式就是带陪读,带陪读就相当于孩子带了一个"保镖",当然不一定非得是"保镖",只要是个成年人,在旁边看着就成,就能解决自闭症儿童语言不好而不会告诉家长和老师的问题,这样霸凌就不可能成为持久而黑暗的秘密。不要等霸凌成形,只要有霸凌的迹象就要请陪读。

我认为自闭症儿童的心理问题不会发展到非常严重的程度,最重要的前提之一就是不存在真实发生的校园霸凌。如果自闭症儿童只是自我放大风险,觉得外界有敌意,那么他们只是会回避。但是如果发生了真实的来自外界的敌意事件,那么他们放大了的恐惧很可能把他们推向精神疾病最严重的程度——精神分裂症。我已经见到了几例这样的严重案例,虽然未必会被诊断为精神分裂症,但是他们已经有类似的症状了。如果真的发展成这样,那么我认为当初还不如不上学,这种伴随一生的疾病康复起来就非常艰难了。所以,我一再强调这种时候陪读非常非常重要!

第六,自闭症儿童的攻击行为。虽然自闭症儿童骨子里是胆小退缩的,但是随着他们康复或者随着他们长大了,觉得自己有力量了,并且他们压制不住自己的恐惧时,各种原因都可能导致自闭症儿童的攻击性暴增。

如果是自闭症儿童在康复期的攻击性增强,那么便是值得欢迎的，但是并不意味着其他孩子和老师就要为其康复期的攻击性买单。我说过，很多自闭症或者多动症儿童的问题行为是可以容忍的，但是攻击性行为，尤其是躯体攻击性行为是不可以容忍的。

如果可能的话，自闭症儿童的家庭环境要尽量宽容，尽量让小朋友的攻击性在家中表达，而不是在学校或者幼儿园里表达。上学期间，自闭症儿童的暴力攻击行为是最可能被学校和幼儿园要求退学的，家长一定要对此保持警惕。

孩子出现暴力倾向，也是家长要找陪读的一个理由。孩子不能伤害他人这是原则之一，找个成年人最大限度地保护其他孩子的安全，这是家长养育孩子的义务之一。如果不是很严重，只是偶尔招惹别人一下，有个陪读能及时制止就行；如果是非常明显的攻击性，而且很难制止的话，那么可以选择休学一段时间。如果孩子在康复期攻击性增加，处理得好的话，大概2~3个月可以解决，这种情况最好找专业的心理咨询师或者教育专家指导一下。

如果是因为外界环境不好，孩子压制不住愤怒，而激发出暴力行为；或者原来因为小，一直被压抑，到青春期，孩子体格变大了，谁也压制不住他了，孩子的暴力开始大爆发的话，就麻烦了，这个不是我们这本小书要讨论的，这个情况就要找专业人士咨询了。这样的孩子大概率会面临失学，毕竟别人的孩子没有义务因为你的孩子的暴力而活在恐惧之中。从预防的角度来说，从小就要尽量给孩子提供良好的环境，减少对孩子心理上的冲击，避免这种严重问题的出现。当然这不仅仅出现在自闭症儿童身上，其他孩子有这种情况，同样会面临巨大的麻烦。

第七，完不成作业。自闭症儿童最初大脑加工速度比较慢，之后可能会有类似多动症的解离状态，心不在焉。他们的动作也不太协调，动作又慢，很多时候是完不成作业的。

如果孩子出现了问题，完不成作业，这是可以接受的。可是在我们的教育理念里就是不可接受的，如果每个人都在破坏纪律，那老师怎么管理，不能整齐划一，简直就是对制度最大的挑衅。家长和老师也觉得应该尽量完成作业，这就代表孩子在指标上好像是在康复，而且看起来没给这个制度找麻烦，大家都舒服。可是对于完不成作业的儿童来说，是要付出巨大的心理代价的。

所以，在孩子写作业有困难的情况下，我都会指导家长去和老师谈一下能不能在一段时间内先不做作业，比如两个月内先不做作业，我们不说永远不做作业了，都是阶段性的，看情况随时调整。当然老师可能不同意，或需要开随班就读的证明之类的，那就去医院开证明。

自闭症儿童各阶段的问题很多，比我上面举的常见的例子还要多，如果仅着眼于纠正问题，那么同时纠正这么多问题就跟迫害孩子、虐待孩子似的，所以一定要抓大放小，除了违反养育三原则的事情，好多小问题尽可能创造环境去忽略和容忍，以不侵犯其他孩子的利益为准。

网络成瘾

好多来我这里咨询的厌学甚至失学的孩子，看起来跟网络成瘾关系密切。现在经常说为了不要让孩子网络成瘾，把网络都封掉。限制网络游戏的方式很多，比如从年龄上、时间上，以及实名制等。但是，封住了这些口子，真的有用吗？孩子们现实存在的问题还是存在，成年人不让孩子花时间玩游戏，难道就能解决问题吗？

我看过一些治疗创伤后应激障碍的方法，其中有一个挺特别的方法，就是转移注意力。因为患者有心理创伤，所以就会有大量的闪回或者心情不好，甚至抑郁，或严重的焦虑。推荐的转移注意力的方式就是玩游戏，玩一些特别简单的游戏，比如扫雷、纸牌，用不过脑子的游戏消耗时间。

其实成瘾有无数种，成瘾在家庭治疗中的假设之一就是对家庭的回避，但是实际生活中被创伤的、抑郁的或焦虑的人都可能有成瘾的问题，并不是非要玩游戏才叫成瘾。实际上不玩游戏一样是成瘾的，患者需要把大量的时间消耗掉，以缓解、平复创伤。其实有时候网络游戏是一种药，也许他应该吃抗抑郁的药、抗焦虑的药、抗精神分裂症的药。如果网络游戏能够转移患者一部分注意力，其实相当于是在吃药。如果你不给他"网络成瘾"这个药，你也不知道隐藏在网络成瘾背后的是什么，把背后的"魔鬼"放出来父母能不能应对？剥掉网络成瘾，有可能会出现精神分裂症、有可能是严重的抑郁、有可能是各种各样的奇怪的问题。家长把网络游戏剥夺了，就真的好吗？我觉得也许没有想象的那么好。

一般家长来找我做网络成瘾的咨询时，我其实是先不动网络成瘾的，我还愿意让家长把孩子的电脑配置搞好，尽量让他在家里玩。网络是一个媒介，最好是你通过网络的方式能够跟孩子建立某种联系，你坐在他旁边看他玩儿，以非常好的心态看他玩儿。家长一般都做不到这一点，更别提以很好的心态看孩子玩儿，家长的心都要蹦出来了，觉得网络成瘾是一个灾难。家长觉得孩子怎么可以这样？其实家长自己不也是网络成瘾吗？有多少家长天天抱着手机，抖音一刷就是几个小时，多少家长愿意把自己的手机戒掉去陪孩子玩？什么都可以成瘾，连心理咨询都算成瘾，每周来做一次心理咨询，不做心里就不舒服，这不叫成瘾吗？找一个人不停地去聊，聊到成瘾的感觉，其实也算一种成瘾。不过是一种成瘾在替代另一种成瘾而已，只是我们需要去比较哪个成瘾更没危险、更安全、更健康些。

网络成瘾看起来是最容易诱发失学的，但实际上没有网络成瘾，孩子一样失学。网络成瘾只是一个表面的因由，网络成瘾、睡眠颠倒、体力不支就失学了，但这也许是孩子找的一个借口，以这样一个更好的借口来自我妨碍。孩子已经在心里比较过各种失学的情况，因网络成瘾失学，和得精神分裂症失学是不一样的，和崩溃后失学是不一样的。因网络成瘾失学，看起来更好些，也更可接受。有些孩子学习成绩慢慢变得不好时，他会说是因为网络成瘾，而不是因为笨。他找了一个特别"美好"的借口，让自己觉得这个借口还可

09. 哪些"不良行为"可以保留

以接受。这种合理化的方式,对孩子来说是有一定保护作用的。

孩子网络成瘾,我们如何处理?我看到很多人处理网络成瘾的办法是简单粗暴的:让孩子别玩儿了,给孩子讲各种大道理,讲网络游戏的危害,跟孩子说"你看爸妈多不容易"。问题是,如果孩子网络成瘾的背后是抑郁的话,可能就离自杀很近了。在这种情况下,你跟孩子讲父母不容易?他现在都顾不了自己了,已经很不容易了,孩子需要转移注意力,消耗部分能量,他没有能力顾及别人。

一般来说,凡是成瘾,从家庭治疗的角度来说,都是对家庭的一种回避,换句话说,这个家里一定有一些东西是孩子不满意的。如果家长没有针对孩子的不满意做出足够的调整,就禁止网络游戏,那么孩子就离崩溃更近了。本来孩子可以拿网络成瘾当成一个像遮羞布一样的东西遮着,还可以不去看自己最害怕的那个部分,现在你把遮羞布撤掉了,孩子用网络成瘾遮住的部分真的是家长和老师敢去看的?看完了就有能力应对吗?

我觉得家长有的时候太单纯了,以为事情很简单,只要没收手机、没收电脑就能解决一切问题。一些家长对自己的孩子的预见力真的很差,如果孩子网络成瘾,家长就把手机抢走没收了,有导致孩子一下就从楼上跳下去的,也有导致孩子直接暴力攻击父母或者动刀的。这一切难道都是网络的错吗?父母对孩子的行为预见力在哪里?父母和老师知不知道你们做的每一个行为,背后会有什么样的影响?这种冲动性自杀或者冲动性伤人,背后是多么严重的问题。到那个时候,家长可能哭都来不及,在发生这些灾难之前,家长都可能觉得没有关系，孩子死不了，甚至有的家长会说"你看就你这样的，还不如死了呢"。家长内心对孩子是有愤怒和敌意的，而这可能会造成难以挽回的后果。

如果孩子已经到了网络成瘾的地步，处理网络成瘾的时候，我们要做的工作一部分是先让他玩个够，尽量让孩子玩得差不多，千万不要和孩子有太大的争执。要慎重评估剥夺网络的代价，另外尝试寻找有什么是可以替代网络的。

对于孩子来说，如果没有人管的话，真的随便玩，网络游戏也许就没有那么好玩。有些游戏的寿命也就三四年，玩一阵儿，可能同伴都不玩了。当然也有生命力顽强的游戏，但很多游戏就这么消失了。

家长经常看到的是游戏里特别坏的部分，实际上游戏里也有好的部分。游戏为什么那么吸引人？我们高兴的时候，大脑分泌内啡肽和多巴胺，我们快乐、特别兴奋。打游戏赢了的那一刻，大脑分泌的这些物质，类似于内源性吗啡，让孩子很舒服，所以孩子不断地去追求这种舒服的感觉。这种舒服的感觉，有可能可以部分对抗抑郁，糟糕的是，如果孩子停下来的话，可能更抑郁。

我们没有长久地追踪过吸毒的人，去了解他们小时候的情况。我们都是等到一个人吸毒后，才发现他是抑郁的。但是很可能他吸毒之前就有一定的抑郁倾向，而吸毒是他想解决抑郁的问题。吸毒者通过吸毒，从钟摆的一端(抑郁)到了另一端(欣快)。等他停了毒品的时候，就会有戒断症状、不舒服的感觉，他就会滑落到比原来更抑郁的状态中。

网络成瘾也是在追求这样一种快感，让自己舒服的快感，快感本身有一定的镇静或兴奋作用。如果你没找到替代品，就把这个东西剥离，那么他剩下的可能全都是抑郁或者焦虑了。玩游戏的过程，注意力转移，焦虑水平也会下降，是有一定的好处的。

另外，成功本身带来的自我认同也会让孩子感觉很好，周围人会表扬他，游戏过关也意味着他的成功。我咨询过的那个因为打游戏，在家待了三年的青少年，最初是他打游戏水平超高而获得成就感，后来他发现网络游戏竟然对他的社交是有帮助的。我问怎么有帮助？他说他打游戏技术很好，但是在他心理康复的后期他发展出一个毛病，就是喜欢骂人。他以前有过创伤，他有很多被压抑的攻击性，他的攻击性表现为打游戏的时候骂人。后来他转到了一个学生成绩都很差的学校，他一有空就带同学组成一个战队打游戏，同学玩得不好，他就生气，张嘴就骂人，回头他还跟那些同学道歉，"对不起，我忍不住就要骂人，下回你们别跟着我打了，免得我心情不好就骂人，之后自己还内疚"。但他的同学心态特别好，说"你随便骂，我们战队赢了就行，以后还得带着我们玩儿"。对于那些小孩来说，他们觉得赢了就可以抵消挨骂的事情，他们自己技术不行，还得靠这个曾经网络成瘾的孩子去赢，获得成就感。孩子爸爸后来感慨道："打游戏能有这样的好处！"他原先认为游戏一无是处。

还有一些人的情况是，禁了网络游戏也不一定真的有用。有些人的成瘾不是在游戏上的。网络成瘾除了游戏，还有关系成瘾，比如贴吧或者微博,哪怕不参与,只是看,都能成瘾。有的人会看下载电影的进度条,从0%到99%看那个条不停地走,一条一条的,坐在那儿看着就觉得很开心。

成瘾有无数种,不是你禁了网络游戏,孩子就不成瘾了,什么都可以成瘾。有些人在网上发帖、打架,或者在微博上没完没了地看,也能成瘾,这种都属于关系成瘾。有一些关系成瘾的人是因为他在现实里建立关系很困难,或者在现实关系里太压抑了,所以他们在虚拟的关系中找存在感。我们的工作就是要纠正现实的部分,这样他才有可能建立真实的关系,帮他走出去。如果现实关系没有改善的话,在网络里关系成瘾也比什么都没有要好。

我在这么多年里遇到的网络成瘾的患者,咨询的效果还不错,原因是我一般都让家长先保留网络成瘾这个症状,然后分析网络成瘾背后的原因,孩子到底缺了什么。缺什么先补什么,而不是先灭掉网络成瘾这个症状。如果是缺成就感的游戏成瘾,那么就补这个部分,比如父母的表扬可以起到同样的作用,其他游戏,比如和同学玩篮球等也能起到同样的作用。总之,要有替代品。如果是缺乏亲密关系,在网络里找这种关系,那么尤其要改善亲子关系,然后泛化到其他关系中,当然网络成瘾无论是哪一类,都可能是亲密关系出问题了。如果在网络关系中是为了表达愤怒,那么在现实关系中帮孩子表达愤怒,尤其是针对父母的愤怒,这一点很重要。如果是有更严重的抑郁和精神分裂等问题,那就要配合精神科医生,这个时候要更小心,更不能轻易灭掉网络成瘾这个症状。

09. 哪些"不良行为"可以保留

玩,是儿童生活中最重要的组成部分。但是在童年期,很多家长完全剥夺了孩子玩的机会,不停地要求孩子学习,压抑了孩子玩的天性,等到孩子有了些控制权的时候就会疯狂给自己"补课",那么网络成瘾就可能"上线"了,尤其是管理严苛的家长所养育的孩子。最危险的网络成瘾的情况之一就是在家里父母还能看住孩子,等到孩子上了大学,孩子就失控地玩电脑,甚至被退学。在这里我还是要提示家长,在孩子小的时候,尽量陪孩子玩,而且玩的东西可以丰富些,当然也包括网络游戏,但网络游戏只是其中的一种,这样孩子就有各种可以替代的游戏,对网络游戏也会有一定的抵抗力。

在网络成瘾干预中,经常能看到一些破坏性的干预,比如我们前面说的完全不管背后的原因就剥夺网络的,会引发各种更严重的问题。另外,还有一些家长控制不了孩子网络成瘾,就不停地输出灾难性的生存环境,比如家中低气压,让孩子觉得自己完蛋了。有报道网络成瘾的孩子自杀的,这种灾难化的期待最终会导致孩子崩溃。家长要调整好自己的情绪,至少要让孩子感觉就算玩几年也没什么事。更糟糕的是,家长觉得自己管不了孩子,就把孩子送到网瘾训练营,还有送到那些电击孩子的医疗机构。有的孩子在这些地方被虐待致死,有的孩子被严重创伤,本来就只是网络成瘾,最后却发展成更严重的心理疾病。

一般如果有明显的网络成瘾的状况,那么就需要专业的心理咨询,很可能整个家庭都要参与,这已经不是孩子一个人的问题,很可能意味着整个家庭都出问题了。有些家长会跟着专家的讲座转战大江南北，但是这些心理教育的课程大部分是做一级预防的，就是孩子没什么事的家长听课最好。孩子都已经网络成瘾很严重了，不是听听课就能好的，还是要整个家庭去做咨询比较好，这已经属于三级预防了，就是有明显的问题，要以家庭为单位去做咨询。要找专业人士看网络成瘾背后隐藏的是什么，修正是需要一步一步做的，修正的可能是家庭内部的关系，也可能是有问题的养育方式。如果有潜在的精神疾病也要做相应的处理，这些没有解决好之前，网络成瘾还是先保留一段时间更安全。

同样，对于学校来说，老师也要明白，不是灭掉网络成瘾就能让学生上课注意听讲，就能提高学习成绩的。家长和老师要配合的是，找到网络成瘾背后的原因，给孩子以喘息之机。有些时候家长和老师配合阻止成瘾的过程，变成了对孩子的双重攻击，孩子可能解读为这个环境对他充满了敌意和伤害。

我写了这么多，并不代表在一段时间内接受网络成瘾就能治好网络成瘾。这只是治疗的一个组成部分而已，更重要的是找出孩子缺什么，然后缺什么补什么，必须补上，这个过程需要寻求专业心理咨询师的帮助。

以上我举了三个有代表性的心理问题，剖析哪些症状需要保留。同样，其他心理问题也有类似的处理方式，到底需要保留哪些症状，家长和老师可以找专业人员咨询，不要幻想把表面症状都弄没了，问题就解决了。表面问题看起来消失了，却可能会导致更大的问题，在心理干预的路上切记不要操之过急。

附录

用案例解读多因素导致的不同问题

需要强调的是,孩子上学困难,很多时候并非单一因素起了作用,而是多因素综合影响才导致了破坏性的结果:孩子自身的特点、老师和学校的问题、家长的养育和自身存在的问题,都可能导致孩子上学出问题或者推波助澜、放大问题。下面的案例,希望各方看完后积极反思,提前预防,真的出了严重的问题,可能很多都是不可逆的,即使去修复也是一个非常艰难的历程。

案例 1 心因性瘫痪,不能上学,被老师打的茉莉

茉莉 7 岁时在学校被老师打了,就慢慢瘫痪了,是心理上的。老师不承认是她打坏的,老师认为是家长没养好,但我认为老师在这场严重的事故中起到了决定性的作用。

茉莉的心理功能确实不太好,但她并不是闹事的小孩,她胆小、听话、退缩。当地的老师确实很"凶猛",实施暴力的情况很多,不只是打她的老师有暴力,后来她离开当地到北京来治病，她弟弟还在那个地方上学，她妈妈说她弟弟班里的老师也打人，不是同一个老师。茉莉的老师大概还挺委屈的吧，一个地方不是只有她一个老师打学生，而且她也打了无数的学生，为什么就茉莉出问题，这个老师为了自保会否认自己的问题。可是不管茉莉自身和家庭有什么问题，如果没有老师的暴力，茉莉也许会相对健康地长大，不会活成一个灾难片。

在我接这个案例的时候，茉莉已经13岁了，7岁左右她被老师的暴力所伤，后来的处理有很多不当之处。这个案例大概发生在二十几年前，那个时候也没有太多处理这种伤害的经验，所以茉莉呈现出了异常严重的创伤表现。

凡是遭遇了这种严重的身体和心理创伤以后，需要家庭去处理创伤的时候，实际上对父母的要求是挺严苛和残酷的，大部分家庭都很难做到一定是对的。如果孩子再脆弱一点儿，受的创伤再严重一些，家庭的养育不能给她提供足够的、有利于她康复的社会支持的话，那么她的症状就会一路恶化下去。

茉莉开始并没有瘫，后来慢慢瘫痪了，严重到什么程度呢？你扶着她坐着，她就这么坐着不动。后来发现她其实是能动的，看着虽然不动，但是因为我咨询的时候有录像，视频快进的话会发现小孩不是完全没有动。但你看着她几乎是不动的，大小便失禁，咀嚼功能都慢慢没有了，只能吃半流食。

一开始我们认为这个案例类似于心理问题躯体化，很像癔症性的瘫痪。但是当时我们去猜她是癔症性的瘫痪还是真的器质性的瘫痪，肯定是猜不出来的，后来随着咨询的进程，她逐渐康复，能走了，也能自己穿衣服，自理能力相对变好的时候，再回头去看，可以确定她是癔症性的瘫痪。

针对癔症性的瘫痪，我们要处理的是什么？茉莉有这样的一个症状，我们就要知道这个症状到底有什么获益？这个症状的初级获益，也是最大的获益，就是她不用上学了，也就不需要面对老师了，可能对她来说老师是很恐怖的。茉莉其实挺悲惨的，她需要对自身有这么大的破坏，才能不去上学。

当然这是潜意识的，并不是在茉莉意识层面的。如果茉莉7岁的时候，我们知道她潜意识层面要达到瘫痪的程度才能不上学，我会跟她商量，意思是我们可以不用上学，但是我们不需要有瘫痪这个症状，不想上学就先不上学了，为什么要用这么强烈的手段？当然我们不能回到过去，我见到她的时候，这个孩子已经瘫痪了6年。茉莉的经历也提示父母思考，孩子受到创伤后，还要不要上学？为什么我说在创伤康复期，对父母要求高，因为父母要做很多艰难的决策。

有一些小孩瘫痪或者有其他严重的问题，可能都是出于对上学的恐惧，我们要解决的是孩子对上学的恐惧，让孩子知道未来在学校可能是安全的。如果不安全，干脆就不上学了，至少不上学，孩子是健康的，比瘫痪要好。

不上学是原发获益，那继发获益是什么？更深层次的部分是，茉莉生活在一个重男轻女的家庭，原先家里都是对弟弟更好，自从茉莉有症状以后，弟弟就变成了留守儿童。爸妈带着她在北京到处看病，虽然这样的生活状况不好，但在某种程度上她得到了父母的关注。对于这种继发性的获益，父母需要给予孩子足够的关注，而不是孩子需要通过症状才能获得关注。

这个家庭的妈妈在养育方面还有代际创伤。她的父母生了很多的孩子，有忽视，也很严苛(不是暴力的，只是规则比较严苛)，也有重男轻女等各种问题。妈妈在养育茉莉的时候也有严苛的部分，导致茉莉被塑造成了非常乖巧的小孩，她可能希望避免犯错误，可是碰见的却是喜欢虐待和暴力的老师，再乖巧也有躲不过的时候，她崩溃了。

茉莉在我这里大概咨询了6年，最后我看到她的时候，她已经成年了。她不再瘫痪，能自己吃东西，不再吞咽困难，能自己走路，能自己穿衣服、扣扣子，能说话，但是没当着我的面说过话，我只听过她尖叫。茉莉走路和穿衣都比较慢，说话好到什么程度我没见过，不好评估。后续我没有再跟进，但是可以推测茉莉的心理问题并没有真正得到有效的解决。

这个案例就算有咨询师跟进，康复也不会很好。很多恶性案例对我们整个社会有着重要的提示作用，那就是要限制老师的暴力行为！不能是老师施加暴力之后，靠小孩和他们的父母为这种老师的破坏性行为买单。我认为老师如果能力不行，教得不好，小孩学不会，都不是灾难性的。学校制定规则和制度的时候，老师不可逾越的红线就是不能有暴力行为。甚至学校在筛选老师的时候，最好能提前筛掉有潜在暴力以及有犯罪倾向的老师。

结局：茉莉最终也没有回到学校，好在她的父母当时已经根本顾不了她是否能上学了，她完全瘫痪，父母已经没工夫焦虑她上学的事情了。

案例2 社交恐惧，不能上学的高中生小刚

患有社交恐惧症的小刚，休学在家半年来诊。小刚在学校没有遇到不良对待，更多的是他自身和家庭的问题，还有一部分跟他的发育有关。很多进入青春期的孩子都可能面临或轻或重的社交焦虑的问题，但是多数达不到小刚的恐惧水平。这种发育方面所面临的风险被他无限放大，大到他担心上课的时候被老师提问，如果他回答不出问题，就会很丢脸。我问过他妈妈是否和老师谈过不提问他就好了，他妈妈说她这样做了，但还是不能解决儿子的问题。小刚在家的时候也很焦虑，还有不上学特有的羞耻感，不敢在平时同学们上学的时候出门，怕周围邻居问他为什么没上学。从这一点能看出小刚非常担心他人的评价，他对自我的评价可能很低。还有一部分人际焦虑来自他妈妈，妈妈的人际关系超好，所以妈妈很不能理解孩子社交方面的恐惧。有妈妈这样的"榜样"，这个男生的压力倍增，而不是缓解他的焦虑。

小刚的另一部分问题出在他爸爸的原生家庭中，这也同时导致了他父母的婚姻关系出现了问题。小刚的妈妈在家里过得特别不好，

上学困难，怎么办？

还和小刚说自己不离婚就是为了他，小刚很不能接受这一点，他说他盼着父母离婚。

这个家庭的结构是这样的：小刚的妈妈是一个挺强的人，但小刚的爸爸是一个比较弱的人。小刚的爸爸早年的时候是被父母宠大的，小刚的爷爷、奶奶生了四个孩子，他爸爸排行最小，前面还有三个姐姐。在这种前面都是女孩、最后一个是男孩的家庭里，有一些男孩是非常弱的，他是被所有人溺爱的，这也导致了他非常脆弱。凡是被这样溺爱长大的小孩，有可能他们在成长中会有特别多的创伤。因为他在自己的原生家庭里没有学到公平，不要以为重男轻女，他就一定占到了便宜，因为重男轻女这件事情给了他一个错觉，他在家里学到的是他就是老大，他就是应该被照顾的那个人。结果他享受了这个以后，等他到社会上，社会这个"学校"会对他有巨大的冲击。这个社会不可能用他姐姐和他父母对待他的方式溺爱他，这就是一个公平竞争的社会，所以他在这个竞争过程里应该是非常挫败的。

以前也有因为网络成瘾来咨询的一个小男孩，他们家其实有重男轻女的味道，我说你家有好吃的给谁呀？他说："给我呀。"我说你回去以后应该分你姐姐一半。当他在家里知道公平是什么的时候，他以后出去和别人在一起才知道公平是什么。如果他在家里没有学到公平是什么的话，他在社会里会受到严重的冲击，他被社会毒打的可能性是非常大的，这对他来说其实挺残忍的。他原来以为社会都是好的，一切都是围着他转的，结果他早年的那些自恋都是非常不靠谱的，社会并不会按照家里的方式来对待他，他会把这些公平的应对方式解释成社会对他的毒打，并没有给他在家里的那些特权，他的某些信念都会崩塌。

我们再说回社交恐惧的小刚。在他爸爸这样的家庭里，这种因为溺爱，生活在没有公平的家庭里的孩子，长大后基本上都不太会照顾老婆和孩子。这个妈妈结婚以后是和小刚的爸爸一家子生活在一起的，小刚的爸爸不像一个成年男人，更像在小刚的爷爷奶奶保护下长不大的小男孩。还有小刚的三个姑姑也会参与到这个家庭中，小刚的妈妈跟爸爸的整个家族关系也不太好，夫妻经常吵架，妈妈情绪不好，父母吵架也导致孩子的情绪不好。

后来妈妈真的离婚了，离婚以后状态还挺好的。离异之后，妈妈能养活自己，不处在恶劣的环境下，心情也比较好，她在养孩子的时候状态也会比较好。

结局：小刚后来回去上学了，休学了大半年，我只给他咨询了几个月，之后遇到2003年的"非典"，加上我也要做博士毕业论文了，就没再咨询，我也不知道小刚回学校了。后来小刚考上大学了又来找过我，他大学毕业后也来找过我两次。小刚休学大半年没影响学业，考上了一个很好的一本院校。我还很奇怪地问小刚，你学习这么好吗？小刚告诉我，他因社交恐惧休学之前，在全班是排第一的。

这个案例提示我们，小刚所在的学校没什么问题，更多的是父母要重视家庭养育中复杂的生活环境或者恶劣的生活环境对孩子的影响。小刚本质上没有遇到恶意的虐待，而是父母婚姻方面的问题，以及父母需要微调养育模式以应对小刚敏感的神经。干预的要点是提升孩子的自尊，以抵抗他人的评价。另外，妈妈要降低对小刚不上学的焦虑，解构小刚父母的婚姻以及家庭中的问题，促进小刚的自我分化，不被父母的争吵带动过多的情绪。从多年后的反馈来看，大概咨询对小刚的妈妈怎么看待婚姻、怎么应对，也起到了一定的作用。

案例3　有潜在精神分裂的风险，小学一年级的亮亮

上小学一年级的亮亮，因为和同班一个小女孩的冲突，觉得自己家楼下的车都变成警车要来抓他。

亮亮没有受到老师和学校的不良影响，他和同班小女孩的冲突也没有涉及系统性的校园霸凌，是他放大了风险。亮亮和小女孩有冲突，就推了那个小女孩一把，小女孩的头磕破了一点儿，流了一点儿血。那个小女孩也很厉害，一转头恶狠狠地对亮亮说"我做鬼也要抓你"。

这个事件从几个方面吓坏了亮亮：亮亮本身是个胆小的小孩，各方面发展比较好，老师也喜欢他，他可能从来没做过如此大的"坏事"。不仅小女孩吓了他，他自己也不知道后续会遇到什么事情，老师怎么处理，父母怎么处理，他无限放大了自己的错误，觉得家门口的车都变成警车要来抓他。

就算亮亮的父母是医生，带那个小女孩去看病了，也赔礼道歉了，亮亮还是幻想出有更严厉的"超我"要惩罚他。他幻想出了警察和警车，他的"自我"的安全底线被冲破，他活在自我设定的恐惧中。

虽然这个案例没有涉及能否上学的问题，但是如果任由事情发展，就难说可能会有什么糟糕的结果。我问过亮亮爸爸，他是我的同行，如果他带儿子去精神科看病会是什么结果，他说估计会按照精神分裂症治疗吧。

这个案例我们并没有告诉老师发生了什么，自己家庭内部解决就好了。有的时候对老师透露过多，不知道会有什么后果，该保密的还是要保密。

这个案例的干预方向，是解决亮亮安全感的问题。他为什么会被冲破安全的底线？亮亮本身就是一个胆小的小孩，遇到这样一个事件，觉得没人能保护他，警察要来抓他了。那个时候，亮亮爸爸正好要出去开诊所做生意，作为保护者的父亲的消失，对亮亮的安全感有着潜在的威胁和破坏。为了巩固孩子的安全感，父母要强化自己的力量，一方面解决小女孩受伤的事情，做好安抚小女孩的工作，同时也表明爸爸认识当地所有的警察，不会有警车来抓他。爸爸还真的是认识，不然欺骗亮亮的话，那亮亮也不太会信。另外，找爸爸的替代者来陪亮亮，每天放学都找陪玩，可以找大学生，也可以找毕业了想赚点儿钱的男生，每天和大哥哥在一起，像是找个保镖的感觉，这样一直持续到初中。警车问题很快就顺利解决了，但是亮亮还是会呈现出有着某种潜在风险的感觉。

因为我和亮亮爸爸是认识的，在初中之前我只是给些建议，不是真正的咨询。后来正式咨询转给了另一个咨询师，咨询的重点转为指导亮亮妈妈养育细节，预测可能出现的任何问题，提前预防。这个案例后续一直干预到亮亮大学毕业，当然后续的咨询频次非常低。

结局：亮亮在学校一直没有其他人能明显看出来的问题，考上大学，已经毕业。因为亮亮爸爸是我的同行，这个咨询有着预防性的作用，即防止严重问题的发生。这个案例提示我们，如果孩子表现出有某些问题的迹象，就要及早干预，防患于未然是我们追求的目标。

案例4 创伤后应激障碍，初二休学后又上学的鸣鸣

这个案例我在前面讲过，这里再重新分析一下。这是个涉及校园霸凌的案例，鸣鸣有明显的创伤后应激障碍，休学在家，家长很焦虑，便带鸣鸣来就诊。

在有些校园霸凌中，受害者是非常无辜的，但是这个案例中鸣鸣遭到的校园霸凌，他自己要负很大责任。他当时上初二，在学校里面刺激别人，然后被同学揍，对学校产生了异常的恐惧，最后就休学了。

我问过鸣鸣："你怎么去刺激同学的？"他说："我说话都是文绉绉的，全是书面语，不是普通的口语化的东西，说完以后就把别人气得蹦高儿。"人家就把他拖到厕所里顶在墙上揍。

我说那你不能不这么说话吗？他说："我都挨揍了，我就更要这么说话，要气他。"我说那你不就更挨揍了吗？他会进入一个恶性循环，他没有办法打赢别人，嘴上就不能吃亏，然后进入这种口头挑衅又挨打的循环。

为了解决鸣鸣说话文绉绉的问题，我说："你不可以老说这种书面语和文言文，你为什么会这样？"他说因为我天天总是在看书。我说你不能看点电视连续剧，不要那种科普的，要有生活气息的、言情的、婆婆妈妈的那种都行，反正说得像人话的电视连续剧，行吗？后来我给鸣鸣布置了一个任务，就是天天在家看电视连续剧。鸣鸣的依从性还挺好的，真的在家看这些电视节目，休学在家没事就看电视好了。

结局：鸣鸣休学了一年。在家好好地待了一年之后，他觉得太无聊了，回去上学了。

休学期间，如果家长态度不好的话，那么鸣鸣可能就会永远在家待着。好好在家待一年，家长没做什么刺激小孩的事儿的话，小孩会觉得在家太无聊，他自己就会要求回去上学。当时我建议鸣鸣降一年级，他坚决不要降级，觉得降级很难看。结果回到了他原来的班级，中间空了一年，后来考上了一个职高。他宁可上职高，也不要降级。

这个案例提示我们，首先，某些孩子自身的特点容易成为被霸凌的诱发因素。比如鸣鸣说话文绉绉地攻击他人，会诱发他人的攻击，尤其他还长得又瘦又小，这个是需要优先处理的。其次，关于他的创伤后应激障碍，他的恐惧和创伤，要重新帮他建立安全感。最后是鸣鸣不上学，就要让他好好休息，或者说休整，家长要降低焦虑，不要过多地和孩子在上学这方面对抗，孩子在家待得无聊，就回去上学了。当然我们也不能保证这些都做了，孩子就能上学，这只是基本的指导思想。

案例5　校园霸凌，陪读，小学四年级的小浩

小浩上小学四年级，就读于国际学校，遭遇校园霸凌，他的同班同学以欺负他为乐，在校车上甚至会有小学一年级的孩子欺负他。不知道是不是小浩眼睛里流露出恐惧，会诱使其他人欺负他，或者是别人欺负他的时候，他的反应比较激烈，还不反抗，从而增加别人欺负他的快感。总之，在彼此的强化下，这种校园霸凌成了小浩校园生活的组成部分。

跟小浩咨询的一个重要主题就是希望孩子的父母能给他找到一个陪读。找陪读有各种阻力，比如父母不愿意，孩子不愿意，还有老师不愿意。但小浩在这些方面都不存在问题，问题是这个国际学校只能讲英语，陪读也要能讲英语，所以在很长时间内陪读都不能到位。

咨询的时候，面对校园霸凌，一部分要帮小浩解析他面对欺负的时候反应太大，别人欺负他当然不对，但是这个欺负不是躯体暴力，这一点我们要强调，给他解释他是足够安全的，以降低他的恐惧。我们也给小浩分析他怎么面对霸凌，反应会更好。比如,好几个小孩会一起踢小浩的水杯,他很生气,保不住水杯就会在旁边叫,别的孩子看到小浩的反应很高兴。小浩越有反应,别的小孩就越兴奋。我和他分析那个水杯很便宜,他家很富裕,损失得起,他就在旁边冷冷地看着就好,别有那么大的反应,那些小孩就会觉得自己踢水杯的行为很傻,后来这类行为就渐渐没有了。

在校车上别的小朋友也会一起欺负他,包括一年级的孩子。小浩上四年级,比同龄孩子长得都高,从力量上别人是没办法欺负他的,是他把可以欺负他的权力送出去的。我教小浩等那两个一年级的小孩再来欺负他的时候,他可以抱住那个一年级的孩子让他们不能动,估计就直接解决问题了。也确实是,后来小浩这样做了之后,一年级的孩子吓得"嗷嗷"叫,从此不在校车上欺负他了。小浩倒是从这个行为中找到了乐趣,他会主动去一年级小孩的班里抱他们,变成了小浩欺负人有快感了。咨询就变成了限制他的攻击性,不能让他从被霸凌者变成霸凌者。

因为人际上的缺损,小浩会被他认为的最好的朋友敲诈,也算是被霸凌的一种。比如用他饭卡里的钱买冰激凌给这个所谓的朋友,请客不是双向的,只是小浩的单向付出。甚至这个所谓的朋友会向他索要很贵重的礼物,比如几千元的平衡车,但是他并不会送小浩同等价格的东西。小浩并不愿意遵从这种不公平的交往模式,但是又不敢拒绝,他怕失去仅有的朋友。

小浩的妈妈后来也找老师约谈那个男孩子的妈妈，但是类似的霸凌还是在或明或暗地持续着。

两三年后，小浩进入青春期，因为他长得很帅，其他孩子就觉得逗他很好玩，尤其是说某个女孩喜欢他，他也喜欢某个女孩。小浩听到这些就异常激动，最激动的时候动手掐了同学的脖子，导致其他围观同学的家长知道后觉得他可能是有威胁的，那个时候家长遇到了最艰难的时刻，感觉自己的孩子随时有被退学的可能。

到了初二的时候，机缘巧合，我们等待的陪读终于出现了，正好他们学校一个外教老师的丈夫从英国过来，暂时没有工作，就当了小浩的陪读。我、家长、老师和学校都乐见其成，只有已经上初中的小浩觉得有个陪读很丢脸，但是家长作为监护人评估后还是认为有必要请陪读。

上课的时候，这个陪读不一定和小浩坐在一起，可能就坐在教室的后面，但是所有的同学都隐隐地猜测这是小浩的陪读。课间十分钟，陪读一直在小浩附近。家长和老师都期待陪读课间十分钟能看着他的同时，还能对他的学业做些辅导，我认为不必。小浩上课期间并没有什么问题，问题都出在课间十分钟，这期间的霸凌现象持续了很多年，最开始都是别人欺负他，到青春期他开始反击的时候，力度把握不好，可能动作太大，造成不良影响。这个陪读出现后，课间十分钟再也没有出现过这样的问题，有个成年人来监控，霸凌自动消失了。陪读到位后，家长过上了平静的生活,不再有那些鸡飞狗跳被老师找家长的事情发生,幸福来得真的太突然,除了请陪读非常贵以外,没什么缺点。

这个陪读大概陪伴了青春期的小浩两年左右,在一个安全的环境下,在陪读的庇佑下,小浩慢慢脱离了被霸凌的阴影,结束陪读之后,小浩适应良好,准备申请去国外的大学读书。

当然小浩事后说,影响霸凌走向的不仅仅是陪读,后来他发现这个学校被霸凌的也不只他一个,其他被霸凌的孩子纷纷转学后,学校开始重视霸凌的现象,专门有一个副校长负责霸凌问题,会约谈霸凌者。当多个受害的孩子转走,学校损失的是这些孩子交的学费啊,学校也不得不做出积极的调整。

结局:现在小浩已经摆脱了校园霸凌的影响,陪读起到了至关重要的作用,如果能在更早的时候请陪读,相信效果会更好。

这个案例提示我们:第一,咨询时可能不需要放大霸凌的创伤,毕竟这没有涉及最严重的躯体暴力,要和小浩评估风险到底有多大,承认他的损失,但是也要告诉他这并不是灾难性的。第二,要教小浩一些应对霸凌的技巧,比如抱住欺负他的小孩子,比如他妈妈会找向他索要贵重礼物的孩子妈妈谈谈,比如教他告诉老师别人欺负他了。找老师告状他一直不敢做,后来他们班有个新转来的正直的同学看到他被欺负,直接拉着他找校长去告状,才让他有了勇气并学会直接告状。第三,我认为最大的影响,就是陪读的存在,用好陪读,给孩子一个安全的环境,他会慢慢安全地摸索出新的人际模式。第四，学校认识到校园霸凌的问题，积极整改。

在这个案例里，小浩的学校看起来有更多的问题，而家长面对这些局面是要拿出应对方案的，这个案例最终还是要考验父母的应对能力和对事件的全局把握。好在这对父母在处理上智商、情商在线，而且经济能力很好，能和学校谈，能请得起陪读，最终一步步带着孩子走出了困境。

这样的案例有很多，毕竟在我国，家长最容易带孩子来咨询的理由就是孩子在学校出现学业问题或者上不了学了。每个孩子的困境不同，处理的方式千差万别，但是也有些共通的部分，以上几个案例只是有着某些典型特征，希望这些案例能触动到正在看书的你们，也希望读者能够从中得到某些启示。

后记

每次我写完书,最后都要写点儿收尾感言之类的。我之前出过两本书,里面多多少少写了陪读的问题,这本书还要再提陪读。对于我看到的很多上学出问题的儿童来说,陪读也许是解决问题的关键。不管是霸凌,还是被霸凌,不管是上课恐惧,还是上课坐不住,陪读都可能起到一定的作用。陪伴的目的是不让孩子失学,而不是提高学习成绩,陪读是保护者,不是督促者,我们必须搞清楚请陪读的目的。

何不食肉糜——这是在我的"重建依恋读书群"里经常被家长吐槽的,并不是所有家长都请得起陪读。我提议请陪读的时候就像开出个万灵药一样,但家长好多时候都很抵触。比如,有家长问,孩子上学被同学欺负怎么办?我第一反应就是请陪读啊。那还有什么办法,难道一次咨询就能让孩子变得有力量,懂得如何去反击?陪读是迅速解决问题的方法,不及时解决问题,就可能让事情恶化,或者让创伤慢性化。当然大多数家庭都没有请陪读,在缓慢处理这类创伤,大部分会带着创伤有部分的好转,也有向精神疾病转归的。

当然也有家长早早就请了陪读的,但是效果并不好,据说现在叫"影子老师"。有家长说影子老师超级贵，家长请影子老师更多的是想督促孩子学习，是在做特殊儿童教育。这种请陪读的情况是非常危险的，如果是督促孩子学习并且是限制孩子的各种不良行为，那么家长请的影子老师就不是在陪伴，对孩子来说更可能是一个纠正者或者迫害者，那么就和我说的请陪读背道而驰。在我看来陪读更像是一个防火墙，减少外界对孩子的冲击，也减少孩子对外界的冲击，给孩子搭建一个更舒适的环境，让孩子在这个真实的或者他们误以为是非常危险的环境中待下去，陪读是个支持者，也是个保护者。

如果我们的身体出了毛病，小时候妈妈爸爸不也是给我们买好吃的、好喝的，都要吃一段时间"肉糜"？那如果在成长过程中身心出了问题，上学出现困难，吃一段时间的"肉糜"也没什么，就算必须永久吃，那也得做好准备。

这里我给大家讲两个真实发生的事件，这两个事件涉及的人物都非常有名，我粗略讲讲，大家可以自行上网搜集资料。一个是海伦·凯勒，另一个是日本公主爱子。她们的生平都是有据可查的，她们的成长和养育经历是值得借鉴的。

海伦·凯勒的故事非常励志，幼年因为一次高烧导致失明和耳聋，她看不见、听不见，也不会说话。7岁的时候她遇到了自己的终身教师苏利文，先教会了她手语，后来她摸着老师的喉咙和嘴唇学会了口语，摸点字卡学会了盲文，上了大学，出版了多本著作。很多人关注的是残障如此严重的海伦·凯勒怎么走向成功的，但是

后记

我今天想讲的是她的老师苏利文陪伴了她 50 年,苏利文的后半生一直陪伴在海伦·凯勒身边。这个"肉糜"很大,最初是海伦·凯勒的父亲很有钱,后来海伦·凯勒自己出书,能自食其力了,需要陪伴,即使需要永久的陪伴,那该出钱就出钱吧。家长有钱就花到刀刃上,不要在那些有各种副作用的训练上瞎花钱,有那个钱不如请人好好陪伴,陪小朋友好好玩儿,好好保护小朋友。

另一个案例是日本公主爱子。我一直不明白日本的校园霸凌文化是为什么,甚至是无差别攻击,连公主爱子都不能幸免。爱子的妈妈雅子,做太子妃的时候各处受限,有严重的抑郁,但是在女儿爱子被校园霸凌之后,她顶着抑郁的症状采取的所有策略在我看来都可圈可点。她选择的方式是亲自去女儿爱子的班上陪读,爱子能上几节课就上几节课。因为她的身份重要,每次出行都有大批保镖跟着,这些身份、特权以及相应的花费,让日本民众非常愤怒,而雅子顶住了压力,依旧我行我素。从最后的结果来看,爱子没有失学,考上了大学。雅子陪读的时间不是很长,也不是终身的,说明在孩子最困难的时刻陪读是非常有效的应对方式,度过最艰难的阶段家长就可以放手了。

这两个案例都是特殊教育领域非常值得研究的范本,它们的成功都可以从各种报道中找到佐证。当孩子需要"肉糜"的时候,就喂"肉糜"吧。当然,涉及到底应该谁付钱的问题,比如爱子的案例,说起来有校园霸凌,学校还阻止不了,导致事情恶化,我认为应该是学校负担请陪读的费用才对,至少学校应该出一部分费用,其他参与霸凌的孩子的家长也应该出一定的费用，犯错误的人应该受到惩罚。在无法追责的情况下，受害的孩子家长先出这个钱请陪读，保证自己孩子的健康成长也是养育的终极目标。

好了，看完这两个案例之后，我还要重申一下，我想把所有上学可能出的问题都写出来，但是能力有限，总会有些疏漏，我不能过于追求完美，否则书就永远也写不出来了。另外，我也不是神，不可能开一个处方包治百病。这本书只是一个普及性的读物，对于那些为了预防孩子出问题而读书的家长可能更有效，对于小问题可能也有一定的效果，但是如果问题很严重的话，那么这里提到的很多方法只是不加重问题，给孩子一个喘息之机，父母还是需要找专业人士，针对家庭进行系统性的咨询。而且在孩子出问题的过程中，明明父母也是被严重创伤了的个体，但是父母却需要安抚孩子、安抚老师，还要做出决策，忍受这些决策所带来的未来的不确定性，父母真的很难。所以，真正做咨询的时候，家庭治疗很多时候是要关注父母，为父母提供足够的心理支持，心理咨询师有的时候要先"养好"父母，功能良好的父母才能养好自己的孩子，这是一个非常系统的工程。

希望这本书能够被更多的父母、准父母，以及与儿童教育事业相关的各行各业的人看到，让我们一起为小朋友们营造安全和幸福的家庭和学校环境。